UTB 8406 L

W0193829

Eine Arbeitsgemeinschaft der Verlage

Böhlau Verlag · Köln · Weimar · Wien
Verlag Barbara Budrich · Opladen · Farmington Hills
facultas.wuv · Wien
Wilhelm Fink · München
A. Francke Verlag · Tübingen und Basel
Haupt Verlag · Bern · Stuttgart · Wien
Julius Klinkhardt Verlagsbuchhandlung · Bad Heilbrunn
Lucius & Lucius Verlagsgesellschaft · Stuttgart
Mohr Siebeck · Tübingen
C. F. Müller Verlag · Heidelberg
Orell Füssli Verlag · Zürich
Verlag Recht und Wirtschaft · Frankfurt am Main
Ernst Reinhardt Verlag · München · Basel
Ferdinand Schöningh · Paderborn · München · Wien · Zürich
Eugen Ulmer Verlag · Stuttgart
UVK Verlagsgesellschaft · Konstanz
Vandenhoeck & Ruprecht · Göttingen
vdf Hochschulverlag AG an der ETH Zürich

Elisabeth Raab-Steiner / Michael Benesch

Der Fragebogen

Von der Forschungsidee zur SPSS-Auswertung

facultas.wuv

Elisabeth Raab-Steiner, DSA, Mag.ª Dr.ⁱⁿ, ist Dipl. Sozialarbeiterin sowie Klinische und Gesundheitspsychologin. Sie lehrt am FH Campus Wien im Diplomstudiengang „Sozialarbeit", im Bachelorstudiengang „Soziale Arbeit" und im Masterstudiengang „Sozialraumorientierte und Klinische Soziale Arbeit". Ihre Arbeitsgebiete sind quantitative Sozialforschung, Sozialarbeitswissenschaft und Psychologie.
Kontakt: elisabeth.raab-steiner@fh-campuswien.ac.at.

Michael Benesch, Dr., ist Wirtschaftspsychologe und Geschäftsführer der Benesch & Mittermayr GmbH Unternehmensberatung. Er ist als Trainer und Berater in der Organisationsentwicklung und sozialwissenschaftlichen Forschung tätig sowie Lehrbeauftragter an mehreren österreichischen Universitäten und Fachhochschulen. Sein Spezialgebiet ist die Verbindung empirisch-quantitativer mit qualitativen Informationen unter Anwendung der Dialogischen Kommunikation nach David Bohm und Martin Buber. Nähere Informationen unter www.ask4solutions.at.

Die Lehrbeispiele in diesem Buch wurden mit der SPSS-Version 16.0 (SPSS Inc.) statistisch ausgewertet.

Bibliografische Information Der Deutschen Nationalbibliothek

Die Deutsche Nationalbibliothek verzeichnet diese Publikation in der Deutschen Nationalbibliografie; detaillierte bibliografische Daten sind im Internet über http://dnb.d-nb.de abrufbar.

1. Auflage 2008
Copyright © 2008 Facultas Verlags- und Buchhandels AG
facultas.wuv Universitätsverlag, Berggasse 5, 1090 Wien, Österreich
Alle Rechte, insbesondere das Recht der Vervielfältigung und der Verbreitung sowie der Übersetzung, sind vorbehalten.
Umschlagfoto: „Excellent Performance"/© istockphoto/bluestocking
Lektorat: Marietta Böning, Wien
Satz und Druck: Facultas Verlags- und Buchhandels AG
Einbandgestaltung: Atelier Reichert, Stuttgart
Printed in Austria
ISBN 978-3-8252-8406-0

Vorwort

An Universitäten, Fachhochschulen sowie Studien- bzw. Ausbildungslehrgängen an den unterschiedlichsten Einrichtungen wird Wissen in Statistik und empirischer Methodik an EinsteigerInnen vermittelt. Diese haben oft aufgrund entsprechender Erfahrungen während der Schulzeit keinen bedenkenlosen Zugang zur Materie und „schalten" allzu gerne ab, wenn sie mit formalen Herleitungen, „Formelwerk" oder abstraktem statistischen Gedankengut konfrontiert werden. Dieses Wissen wird jedoch auch in Gesundheits- und sozialen Berufen auf akademischem Niveau zunehmend benötigt. Der deutliche Trend hin zu empirisch fundierten Studien resultiert aus dem Wunsch der Etablierung eigener wissenschaftlicher Zugänge und stellt neue Herausforderungen an die Studierenden.

Das vorliegende Buch versteht sich jedoch nicht nur als Unterstützung für Personen aus diesen Bereichen, sondern ist ein generelles Angebot an EinsteigerInnen, in die vorliegende Thematik einzusteigen.

Die Idee zu diesem Buch entstand durch unsere langjährige Lehrtätigkeit in den unterschiedlichsten Bereichen und den dabei gewonnenen Erfahrungen in der Vermittlung statistischer Grundkenntnisse an EinsteigerInnen. Dabei haben wir immer wieder eine wesentliche Beobachtung machen können, nämlich die, dass eine eher intuitive, auf „Alltagsverständnis" aufbauende Herangehensweise, welche auf formalistische Zugänge weitestgehend verzichtet, von den Studierenden sehr geschätzt wird und das Interesse am Fach fördert. Dieses Buch möchte also eine didaktische Lücke schließen: Es möchte keine Formeln, keine abstrakten Herleitungen, sondern eine „sanfte" Hinführung zur empirischen Methodik für EinsteigerInnen in das Gebiet bieten. Es soll der Forschungsprozess von der Idee bis zur statistischen Auswertung und Berichterstellung vermittelt werden, um eine Grundlage für die weitere Beschäftigung mit dem Thema zu schaffen.

Methodisch fortgeschrittenere LeserInnen mögen uns deshalb bitte verzeihen, wenn manches zugunsten einer für EinsteigerInnen verständlicheren Darstellung formal-methodisch vereinfachend beziehungsweise „sparsam" transportiert wird – wenn die Grundlagen erst einmal geschaffen sind, wird den Interessierten die Lektüre weiterführender Werke empfohlen.

Alle im Buch angeführten Beispiele können mithilfe von SPSS selbst nachgerechnet werden – das entsprechende Datenfile finden Sie auf www.utb-mehr-wissen.de. Die Daten sind fiktiv und beziehen sich auf den im Anhang abgebildeten Übungsfragebogen.

Wir empfehlen auch die selbstständige Bearbeitung der jedem Kapitel angehängten Übungsbeispiele – zu Ihrer Kontrolle finden Sie Musterlösungen auf den Seiten 170 bis 181.

Wir wünschen Ihnen jedenfalls viel Spaß beim Einstieg in die empirische Forschung!

Wien, im Oktober 2008   Elisabeth Raab-Steiner
                                                       Michael Benesch

Inhaltsverzeichnis

1 **Elementare Definitionen** 11
  1.1 Deskriptive Statistik versus Inferenzstatistik 11
      1.1.1 Deskriptivstatistik 11
      1.1.2 Inferenzstatistik 13
  1.2 Stichprobenarten 16
      1.2.1 Einfache Zufallsstichprobe 17
      1.2.2 Geschichtete Zufallsstichprobe 17
      1.2.3 Klumpenstichprobe (Cluster Sample) 18
      1.2.4 Ad-hoc-Stichprobe 18
      1.2.5 Zufall versus willkürliche Auswahl 18
      1.2.6 Abhängigkeit der Stichproben 19
  1.3 Schluss von der Stichprobe auf die Grundgesamtheit 19
  1.4 Zusammenfassung des Kapitels 20
  1.5 Übungsbeispiele 21

2 **Messung in den Sozialwissenschaften** 22
  2.1 Skalenniveaus 23
  2.2 Nominalskala 24
  2.3 Ordinalskala 25
  2.4 Intervallskala 27
  2.5 Verhältnisskala 28
  2.6 Zusammenfassung des Kapitels 29
  2.7 Übungsbeispiele 30

3 **Die Untersuchungsplanung – von der Idee zur empirischen Forschung** 31
  3.1 Die Themensuche 32
      3.1.1 Das Anlegen einer Ideensammlung 32
      3.1.2 Die Replikation von Untersuchungen 33
      3.1.3 Die Mitarbeit an Forschungsprojekten 33
      3.1.4 Weitere kreative Anregungen 33
  3.2 Konkretisierung und Formulierung einer Forschungsfrage 34
  3.3 Die Literaturrecherche 35
  3.4 Auswahl der Untersuchungsart – Forschungsdesign 37
  3.5 Ethische Bewertung einer Forschungsfrage 40
  3.6 Zusammenfassung des Kapitels 41
  3.7 Übungsbeispiele 42

4 **Datenerhebung: Die schriftliche Befragung (Fragebogen)** 43
  4.1 Methoden der quantitativen Datenerhebung 43
  4.2 Allgemeine inhaltliche Vorbemerkungen zur Fragebogenkonstruktion 44
  4.3 Erste inhaltliche Schritte 45

	4.4	Prinzipien der Konstruktion	47
		4.4.1 Fragenauswahl	47
		4.4.2 Einleitung, Instruktion und Anrede	49
		4.4.3 Richtlinien zur Formulierung der Items	50
		4.4.4 Antwortformate	52
	4.5	Pretest	58
	4.6	Negative Antworttendenzen	59
		4.6.1 Absichtliche Verstellung	59
		4.6.2 Soziale Erwünschtheit (Social Desirability)	60
		4.6.3 Akquieszenz oder „Ja-Sage-Bereitschaft"	61
		4.6.4 Bevorzugung von extremen, unbestimmten oder besonders platzierten Antwortkategorien	61
		4.6.5 Wahl von Antwortmöglichkeiten, die eine bestimmte Länge, Wortfolge oder seriale Position aufweisen	61
		4.6.6 Verfälschung aufgrund der Tendenz zu raten oder aufgrund einer raschen Bearbeitung des Tests	62
	4.7	Zusammenfassung des Kapitels	62
	4.8	Übungsbeispiele	63
5	**Computerunterstützte Datenaufbereitung mittels SPSS**		**64**
	5.1	Was ist „SPSS"?	64
	5.2	Vom Fragebogen zur SPSS-Datei	65
		5.2.1 Wie rufe ich SPSS auf?	65
		5.2.2 Wichtige Anmerkungen vor der Dateneingabe	68
		5.2.3 Kodierung und Kodeplan	68
		5.2.4 Erstellung eines Datenfiles	70
		5.2.5 Datencheck	76
		5.2.6 Weitere Datenaufbereitung	77
	5.3	Zusammenfassung des Kapitels	80
	5.4	Übungsbeispiele	81
6	**Deskriptivstatistische Datenanalyse**		**82**
	6.1	Tabellarische Darstellung der Daten	82
		6.1.1 Häufigkeitstabellen	82
		6.1.2 Kreuztabellen bzw. Kontingenztafeln	83
	6.2	Grafische Darstellung der Daten	87
		6.2.1 Balkendiagramme	87
		6.2.2 Histogramme	89
		6.2.3 Boxplots	90
		6.2.4 Streudiagramme	93
	6.3	Lagemaße – Lokalisationsparameter	94
		6.3.1 Normalverteilung	95
		6.3.2 Das Arithmetische Mittel – der Mittelwert	96
		6.3.3 Der Median	98

	6.3.4	Der Modus (Modalwert)	99
6.4	Dispersionsmaße (Streuungsmaße)		99
	6.4.1	Varianz	100
	6.4.2	Standardabweichung	101
	6.4.3	Der Quartilabstand	102
	6.4.4	Spannweite	104
	6.4.5	Perzentilwerte	104
6.5	Zusammenfassung des Kapitels		104
6.6	Übungsbeispiele		105

7 Schluss von der Stichprobe auf die Population ... 106
7.1	Alltags- und statistische Hypothesen	106
7.2	Statistischer Test	108
7.3	Fehler erster und zweiter Art und die Macht eines Tests	110
7.4	Zusammenfassung des Kapitels	112
7.5	Übungsbeispiele	112

8 Statistische Tests ... 113
8.1	T-Test für unabhängige Stichproben	115
8.2	T-Test für abhängige Stichproben	120
8.3	U-Text nach Mann & Whitney	122
8.4	Wilcoxon-Test	124
8.5	Friedman-Test	125
8.6	Vierfelder-Chi-Quadrat-Test	127
8.7	Zusammenfassung des Kapitels	130
8.8	Übungsbeispiele	131

9 Korrelation und Lineare Regression ... 133
9.1	Produkt-Moment-Korrelation	135
9.2	Rangkorrelation nach Spearman	137
9.3	Vierfelderkorrelation	138
9.4	Partielle Korrelation	139
9.5	Punkt-biseriale Korrelation	140
9.6	Korrelation und Kausalität	142
9.7	Einfache lineare Regression	143
9.8	Multiple lineare Regression	146
9.9	Zusammenfassung des Kapitels	147
9.10	Übungsbeispiele	148

10 Varianzanalyse ... 150
10.1	Grundlagen der Varianzanalyse	150
10.2	Einfaktorielle Varianzanalyse ohne Messwiederholung	151
10.3	Einfaktorielle Varianzanalyse mit Messwiederholung	155
10.4	Zusammenfassung des Kapitels	159
10.5	Übungsbeispiele	160

11 Der statistische Auswertungsbericht 161

11.1 Der Theorieteil 162

11.2 Der Methodenteil 162

11.3 Der Ergebnisteil 163

11.4 Diskussion und Ausblick 165

11.5 Einige Zitierregeln 165

11.6 Das Literaturverzeichnis 167

11.7 Zusammenfassung des Kapitels 168

11.8 Übungsbeispiele 169

12 Anhang 170

12.1 Lösungen zu den Übungsbeispielen 170

12.2 Beispiel: Fragebogen zur Studien- und Lebenssituation bei
Studierenden 182

12.3 Literaturverzeichnis 183

Stichwortverzeichnis 185

1 Elementare Definitionen

1.1 Deskriptive Statistik versus Inferenzstatistik

Grundsätzlich wird bei der Analyse quantitativer Beobachtungen bzw. Messungen und deren Beschreibung die **Inferenzstatistik** von der **Deskriptivstatistik** unterschieden. Diese beiden prinzipiellen Zugänge in der Statistik sollen im folgenden Kapitel in ihrer Unterschiedlichkeit und Anwendbarkeit genauer dargestellt werden.

1.1.1 Deskriptivstatistik

„Deskriptiv (= beschreibend) vorzugehen, heißt meistens, auf Fragen des Typs: „Wie ist/sind ...?" Antworten zu suchen, etwa: „Wie sind die Studierenden?" „Wie ist die Vorlesung?" Die Schwierigkeit liegt dabei darin, Kriterien zu finden, nach denen man beschreibt" (Eder, 2003, S. 17).

Es werden also bestimmte Charakteristika (Eigenschaften) einer Stichprobe beschrieben, allerdings noch ohne den Anspruch, etwas über die dahinterstehende Grundgesamtheit (Population) auszusagen. Dies wäre der Ansatz, den die Inferenzstatistik verfolgt.

Es handelt sich hier um einen summarischen Zugang zu quantitativen Informationen. Wenn wir z. B. etwas über eine Stichprobe von Studierenden (n = 127) wissen möchten, müssen wir im ersten Schritt entscheiden, welche Eigenschaften dieser Stichprobe uns interessieren, und im nächsten Schritt, ob wir diese Eigenschaften zunächst grafisch veranschaulichen und/oder Maßzahlen wie Mittelwerte und Streuungen zur Beschreibung herangezogen werden (mehr dazu in Kapitel 6). Wir müssen also entscheiden, wie wir die wichtigsten „Eigenschaften" der Stichprobe in geeigneter Form gut überschaubar darstellen.

Nehmen wir an, uns interessiert die Geschlechterverteilung in der Stichprobe der 127 Studierenden. Für ihre Darstellung würde sich eine einfache Grafik wie das Kreisdiagramm (Abb. 1.1) anbieten:

Besteht diese Stichprobe von StudentInnen aus 70 männlichen und 57 weiblichen Personen, wird die Verteilung durch das Kreisdiagramm auf einfache und anschauliche Art und Weise grafisch dargestellt.

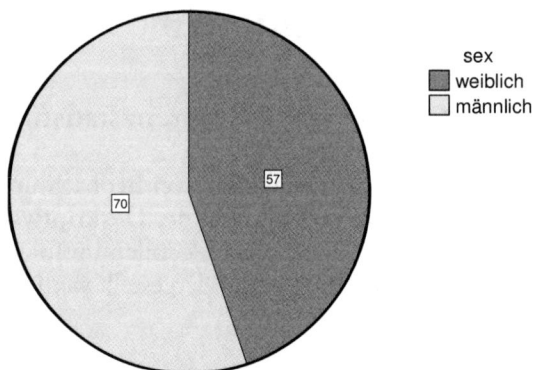

Abb. 1.1: Geschlechterverteilung/Angabe in absoluten Häufigkeiten

Ein weiterer Zugang wäre eine einfache Häufigkeitstabelle.

In Tabelle 1.1 sind zusätzlich zu diesen absoluten Häufigkeiten von 70 und 57 noch die Prozente angegeben. Man berechnet sie, indem man die absoluten Zahlen jeder Gruppe durch die Stichprobengröße dividiert und anschließend mit 100 multipliziert ($57/127 = 44{,}9\,\%$ und $70/127 = 55{,}1\,\%$).

Tab. 1.1: Geschlechterverteilung/Häufigkeiten und Prozent

		Häufigkeit	**Prozent**
Gültig	weiblich	57	44,9 %
	männlich	70	55,1 %
	Gesamt	127	100,0 %

Statistik ist mit Informationsreduktion verbunden, das heißt: Aus dem Kreisdiagramm (Abb. 1.1) oder der Tabelle (Tab. 1.1) ist nicht mehr ersichtlich, welches Individuum der Stichprobe männlich oder weiblich ist. Wir kennen nur noch die entsprechenden Anteile (45 % und 55 %) bzw. Häufigkeiten (57 und 70).

Eine weitere gängige Methode der Deskriptivstatistik, Stichproben zu beschreiben, besteht darin, sogenannte deskriptivstatistische Maßzahlen zu berechnen. Die bekanntesten sind das Arithmetische Mittel (meist nur „Mittelwert" genannt) und die Standardabweichung (dazu eine ausführliche Beschreibung im Kapitel 6).

Den Mittelwert erhält man, indem alle Messwerte (wie z. B. das Alter in Jahren) addiert werden und die resultierende Summe durch die Anzahl der Messwerte (n = Stichprobengröße) dividiert wird.

$\bar{x} = 24$ Jahre für die männliche Stichprobe

Zieht man einen der siebzig Studenten aus der Gruppe und erfragt sein Alter, so ist die Wahrscheinlichkeit hoch, dass es im Bereich um 24 Jahre liegt. Allerdings ist die Angabe des Mittelwertes praktisch sinnlos, wenn man nichts über die Verteilung der ursprünglichen Messwerte weiß. In einer Stichprobe von drei 20-jährigen Personen beträgt der Mittelwert zwanzig Jahre [(20 + 20 + 20) / 3 = 20]. Auch in einer Stichprobe mit einem 10-Jährigen, einem 11-Jährigen und einem 39-Jährigen macht der Mittelwert zwanzig Jahre aus [(10 + 11 + 39) / 3 = 20].

Dies führt uns zum nächsten Schritt – der Angabe der dazugehörigen Streuungsmaße (Dispersionsmaße), die Aufschluss über die „Differenzen" in der Altersverteilung geben können, z. B. die Standardabweichung = s = 3 Jahre

D. h., in Kombination mit der Angabe des Mittelwerts von 24 Jahren kann unter der Annahme der Normalverteilung (dazu ebenfalls mehr in Kapitel 6) davon ausgegangen werden, dass rund 68 % der Studenten im Altersbereich von 21 bis 27 Jahren liegen (d. h. im Bereich 24 Jahre +/– 3 Jahre).

Durch die so durchgeführte Beschreibung der Stichprobe gewinnt man bereits einen guten Überblick über deren Charakteristika, also wesentliche Informationen über ihre Beschaffenheit: Wir wissen bis jetzt, dass die Stichprobe aus 57 weiblichen und 70 männlichen Studierenden besteht. Dies könnte mit einer Häufigkeitstabelle unter der zusätzlichen Angabe von Prozenten noch ergänzt werden. Der Altersdurchschnitt der männlichen Studierenden liegt bei 24 Jahren. Und rund 68 % der männlichen Studierenden liegen im Altersbereich von 21 bis 27 Jahren.

Statistische Methoden zur Beschreibung der Daten von Stichproben in Form von Grafiken, Tabellen oder einzelnen Kennwerten (Lagemaße bzw. Streuungsmaße) bezeichnen wir zusammenfassend als deskriptive (beschreibende) Statistik.

Die Deskriptivstatistik gibt einen Überblick über die Ausprägungen einzelner Variablen.

1.1.2 Inferenzstatistik

Während die Deskriptivstatistik eine Stichprobe beschreibt, ermöglicht die Inferenz- bzw. analytische Statistik, über diese Stichprobe hinaus etwas über die dahinterstehende Grundgesamtheit (Population) auszusagen. Es wird von einer Stichproben-Beobachtung auf die Grundgesamtheit geschlossen, also eine Gesetzmäßigkeit abgeleitet und Anspruch auf Verallgemeinerung erhoben. In den meisten Fällen handelt es sich um eine „Wenn-dann-Beziehung" oder eine „Je-desto-Beziehung" (vgl. ebd., S. 18).

Es gibt neben den Begrifflichkeiten Inferenzstatistik bzw. analytische Statistik auch noch die Bezeichnung induktive (hinführende) Statistik. Alltagssprachlich wird eine solche Hinführung als logischer Schluss dargestellt.

> Wir stellen in der Stichprobe fest, dass sich die männlichen von den weiblichen Studenten hinsichtlich des Lernaufwandes für eine bestimmte Prüfung unterscheiden, also eine Gruppe für dieselbe Prüfung länger lernt. Mittels den Methoden der Inferenzstatistik, mit denen wir uns später beschäftigen werden, kann nun festgestellt werden, ob es sich in der Grundgesamtheit (alle StudentInnen dieser Studienrichtung an dieser Universität) genauso wie in der Stichprobe verhält. Dieses Schließen von der Stichprobe auf das Dahinterstehende – die Grundgesamtheit – ist allerdings nicht mit absoluter Sicherheit möglich, sondern nur mit einer bestimmten Wahrscheinlichkeit. Die Verallgemeinerung auf die Population ist stets unsicher. Wir können mithilfe statistischer Auswertungen prinzipiell nur Wahrscheinlichkeitsaussagen treffen.

In sozialwissenschaftlichen Untersuchungen möchte man also meist über die Beschreibung einer ausgewählten (spezifischen) Gruppe von Untersuchungseinheiten (Stichproben) hinausgehen und allgemein gültige Aussagen treffen. Dazu ist die rein deskriptive Statistik, die Beschreibung der Daten in Form von Häufigkeitstabellen, Grafiken und einzelnen Kennwerten, in den wenigsten Fällen ausreichend.

> Die Inferenzstatistik nimmt sich des Problems an, wie man Ergebnisse, die an einer verhältnismäßig kleinen Zahl von Personen gewonnen wurden, auf die Grundgesamtheit umlegen, also allgemeingültige Aussagen treffen kann. Die allgemeingültige Aussage (über die Grundgesamtheit) wird als Hypothese formuliert, die anhand von Stichproben zu überprüfen ist. Hierin liegt ein wesentlicher Unterscheidungspunkt der zwei Zugänge. Die Inferenzstatistik stellt Hypothesen auf und ermöglicht deren Überprüfung.

Aus der Grundgesamtheit wird eine von vielen möglichen Stichproben gezogen. Die folgende Abbildung 1.2 verdeutlicht dies. Aus einer größeren Grundgesamtheit (der große Kreis) gibt es nahezu unendlich viele Möglichkeiten, einzelne Stichproben (kleine Kreise) zu erhalten. Wichtig ist, dass diese gezogene Stichprobe „repräsentativ" ist, also die wesentlichen Charakteristika der Grundgesamtheit widerspiegelt.

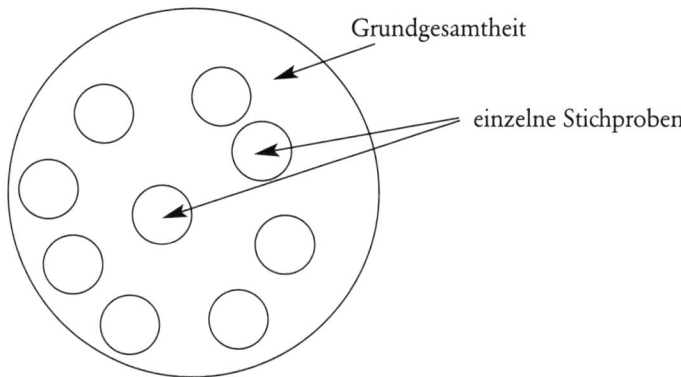

Abb. 1.2: Grundgesamtheit mit verschiedenen Stichprobenziehungen

Ein bekanntes Anwendungsgebiet ist die Hochrechnung vor Wahlen. Die Meinungsforschungsinstitute konkurrieren jeweils um die korrekteren Vorhersagen des Wahlausgangs. Sie gehen dabei so vor, dass sie eine kleine (aber repräsentative) Stichprobe von Wählern befragen, von der sie auf die Grundgesamtheit der Bevölkerung schließen können.

Repräsentativität bedeutet in diesem Beispiel, dass die „kleine" ausgewählte Gruppe möglichst die reale Situation der „Grundgesamtheit" beschreibt, also die Variablen (Eigenschaften), wie z. B. Geschlecht, Alter, Ausbildungsstand, soziale Schicht usw., real abgebildet sein sollen.

Natürlich sind Ergebnisse, die aufgrund von Daten einer Stichprobe gewonnen werden, mit Ungenauigkeiten behaftet. Das ist auch der Grund, weshalb bei einer Wahlprognose stets ein Bereich angegeben wird, z. B. +/−2 %, in dem das „wahre" Ergebnis (also der Anteil der Wähler an der Grundgesamtheit) mit gewisser Wahrscheinlichkeit liegt.

Neben den Ergebnissen, die durch analytische Verfahren gewonnen werden, können deskriptivstatistische zusätzlich zu einer übersichtlichen und anschaulichen Informationsaufbereitung beitragen.

Das Zusammenspiel der beiden Methoden kann sich gut ergänzen und zu einem Höchstmaß an Information führen.

> Die Inferenzstatistik wird häufig auch als analytische Statistik oder schließende Statistik bezeichnet. Der wesentliche Unterschied zur deskriptiven Statistik liegt darin, dass es zur Überprüfung von Hypothesen, die sich auf die dahinterstehende Grundgesamtheit beziehen, kommt. Auf diese Weise sollen allgemein gültige Aussagen über die Stichprobe hinaus getroffen werden.

1.2 Stichprobenarten

In der Empirie (wissenschaftlich gewonnene Erfahrung) werden unterschiedliche Zugänge zur Auswahl einer repräsentativen Stichprobe verfolgt. Mittels eines Stichprobenplans wird das Zufallsverfahren festgelegt, um repräsentative Elemente zu ziehen.

> Der Begriff Stichprobe bezeichnet eine kleine Teilmenge der sogenannten Grundgesamtheit, deren Auswahl nach bestimmten Kriterien erfolgen sollte.

Die Ziehung einer Stichprobe hat einen sehr pragmatischen Ursprung, nämlich jenen, dass die Befragung der Grundgesamtheit (Vollerhebung, z. B. der österreichischen Gesamtbevölkerung) nicht (oder nur sehr aufwendig) möglich ist und den Rahmen einer Untersuchung meist sprengen würde. Allerdings ist bei sozialwissenschaftlichen Fragen anzunehmen, dass gezogene Stichproben auch unter sehr guten Überlegungen und Bedingungen die Verteilung der Merkmale in der Population nicht exakt abbilden. Man müsste im Vorfeld bereits exakte Angaben über Verteilungen und Merkmalsausprägungen haben, was in der Realität kaum gegeben ist. Nichtsdestotrotz ist der grundsätzliche Zugang bei der Ziehung von Stichproben das sogenannte Induktionsprinzip (vom lateinischen *inductio*, Hineinführen), bei dem vom besonderen Fall auf den allgemeinen geschlossen werden soll.

> „Als Grundgesamtheit (Population) bezeichnen wir alle potenziell untersuchbaren Einheiten oder ‚Elemente‘, die ein gemeinsames Merkmal (oder eine gemeinsame Merkmalskombination) aufweisen" (Bortz, 1999, S. 86).

Beispiele für Grundgesamtheiten sind: alle BewohnerInnen von Wien, alle RaucherInnen einer Zigarettenmarke in Österreich, alle RechtshänderInnen, alle ostösterreichischen StudentInnen einer bestimmten Studienrichtung etc.

Eine gezogene Stichprobe sollte die Grundgesamtheit möglichst genau abbilden. Je besser diese kleine Teilmenge die Grundgesamtheit abbildet, desto präzisere Aussagen können über sie gemacht werden. Dies stellt jedoch eine gewisse Herausforderung dar, denn die Repräsentativität kann in den seltensten Fällen im statistischen Sinne erfüllt werden, besonders dann, wenn der Untersucher keinerlei Hinweise auf die Verteilung der relevanten einzelnen Variablen in der Stichprobe hat.

Neben der Art und Weise, wie die Stichprobe gezogen wird, ist natürlich auch deren Größe von Bedeutung. Im Allgemeinen kann jedoch eine auch noch so große Stichprobe gravierende Fehler bei der Stichprobenziehung nicht wettmachen. Möchte man beispielsweise etwas über das Durchschnittseinkommen der StudentInnen wissen und befragt dazu fünftausend Studierende, wird man stark verzerrte Ergebnisse erhalten, wenn diese fünftausend Personen zum Großteil nebenberuflich studieren, also vollwertige Einkommen haben. Diese Stichprobe wäre nicht repräsentativ für „die StudentInnen", wenn diese zum Großteil eben nicht nur nebenberuflich studieren. Es würde zu einem „Bias" kommen, einer systematischen Verzerrung. Die Stichprobe müsste, um zu sinnvollen Schlussfolgerungen zu kommen, so gezogen werden, dass sie die realen Verhältnisse gut abbildet – eine Vorerhebung der Verteilungen wäre unerlässlich.

An dieser Stelle sollen nun die in der Sozialwissenschaft gängigen Stichprobenarten dargestellt werden. Ein besonderes Augenmerk liegt dabei auf der Zufallsstichprobe, welche die häufigste Variante darstellt.

1.2.1 Einfache Zufallsstichprobe

Liegen, wie oben erwähnt, keinerlei Hinweise auf die Verteilung relevanter Variablen in der Grundgesamtheit vor, empfiehlt sich die Ziehung einer **Zufallsstichprobe** (Random Samples), denn bei dieser Stichprobe hat dann jedes Merkmal die gleiche Wahrscheinlichkeit, in die relevante Stichprobe gezogen zu werden. Grundvoraussetzung ist allerdings die vollständige (theoretische) Repräsentation der Grundgesamtheit.

> „Eine Zufallsstichprobe ist dadurch gekennzeichnet, dass jedes Element der Grundgesamtheit mit gleicher Wahrscheinlichkeit ausgewählt werden kann" (ebd., S. 87).

Man spricht in diesem Fall von einer reinen (einfachen) Zufallsstichprobe (Simple Random Sample).

1.2.2 Geschichtete Zufallsstichprobe

Eine weitere Möglichkeit wäre es, eine **geschichtete Zufallsstichprobe** zu ziehen. Dabei wird die Stichprobe anhand einer ausgewählten Schichtungsvariable in einander nicht überschneidende Schichten geteilt. Diese Schichten sollten in sich ziemlich homogen sein, untereinander aber sehr unterschiedlich. Aus diesen Segmenten zieht man dann eine Zufallsstichprobe. Diese Vorgangsweise macht natürlich nur dann Sinn, wenn die Schichtungsvariable einen hohen Zusammenhang mit dem eigentlich interessierenden Untersuchungsmerkmal hat. Man muss über die Verteilung der Merkmale in der Grundgesamtheit Bescheid wissen, um eine repräsentative Stichprobe erzeugen zu können. Die so gezogene Stichprobe wird als geschichtet oder stratifiziert bezeichnet (vgl. ebd., S. 88). Ein Beispiel: Wenn das Freizeitverhalten Jugendlicher untersucht werden soll, muss bei der Ziehung der Stichprobe auf Alter, Taschengeldhöhe, Stadt/Land, Geschlecht etc. geachtet werden. Aus diesen einzelnen Schichten (Strata) werden dann zufällig Jugendliche gezogen.

> „Wenn die prozentuale Verteilung der Schichtungsmerkmale in der Stichprobe mit der Verteilung in der Population identisch ist, sprechen wir von einer proportional geschichteten Stichprobe" (ebd.).

1.2.3 Klumpenstichprobe (Cluster Sample)

In der praktischen Arbeit mit Daten kommt es immer wieder vor, dass vorgruppierte Teil-mengen der Grundgesamtheit vorliegen. Man spricht in diesem Fall von sogenannten **Klumpenstichproben,** diese werden neben den geschichteten Stichproben ebenfalls den mehrstufigen Zufallsstichproben zugeordnet. Klumpenstichproben sind dann sinnvoll, wenn die Elemente der Grundgesamtheit nicht erfasst werden können, aber Informationen darüber vorhanden sind, wo diese Elemente gefunden werden können. Ein Beispiel: Es gibt keine Listen darüber, welche Wiener Patienten an Bluthochdruck leiden. Aber Spitäler führen Aufzeichnungen über ihre eigenen Patienten, und so könnte man eine bestimmte Anzahl an Wiener Spitälern (das wären die „Klumpen" oder „Cluster") auswählen und aus diesen Clustern Zufallsstichproben von Bluthochdruck-Patienten ziehen.

1.2.4 Ad-hoc-Stichprobe

Diese Klumpenstichproben müssen allerdings von **Ad-hoc-Stichproben** (anfallenden Stichproben) differenziert werden – es müssen mehrere zufällig ausgewählte Klumpen voll-ständig untersucht werden. Ad-hoc-Stichproben wären eine Schulklasse, eine Seminargrup-pe, Kranke auf einer Station im Krankenhaus. Bei diesen anfallenden Stichproben wird oh-ne spezielle Planung und ohne genaue Kenntnis der Merkmalsausprägungen in der Population vorgegangen.

Bei einer Klumpenstichprobe wird die Grundgesamtheit in einzelne, sich ähnelnde Klumpen (Homogenität der Klumpen) zerlegt. Daraus wird eine Zufallsstichprobe genom-men, z. B. werden zuerst einzelne Schulklassen (Klumpen) aus allen Klassen (Grund-gesamtheit) gezogen und dann die Schüler daraus befragt.

Das Grundproblem liegt darin, dass die Gefahr der nicht hinreichend gegebenen Reprä-sentativität sehr hoch ist.

> „Eine Klumpenstichprobe besteht aus allen Untersuchungsteilnehmern, die sich in meh-reren, zufällig ausgewählten Klumpen befinden" (ebd.).

1.2.5 Zufall versus willkürliche Auswahl

Dem Prinzip der Zufallsstichprobe steht die **willkürliche Auswahl** von Stichproben gegen-über. Dabei werden von der Befragerin/dem Befrager willkürliche Kategorien eingezogen. Wahrscheinlichkeiten darüber, ob ein bestimmtes Element in die Stichprobe aufgenom-men wird, können dabei nicht angegeben werden.

Es geht um eine bewusste Auswahl. Beispiele hierzu sind:

▪ eine rein willkürliche Auswahl – ein sehr unwissenschaftlicher Zugang, z. B. Befragungen auf der Straße, bei denen jeder zehnte Passant angesprochen wird
▪ eine Schneeballauswahl

- eine Auswahl der Elemente, die als sehr typisch angesehen werden
- eine Quotenauswahl – vorausgehende Festlegung der Gruppen, die gezogen werden müssen. Das setzt voraus, dass über die diesbezüglichen Informationen verfügt werden muss.

1.2.6 Abhängigkeit der Stichproben

Ein sehr wesentlicher Punkt, falls es zu Gruppenvergleichen mittels analytisch-statistischer Verfahren kommen soll, ist die Frage nach der Abhängigkeit der Stichproben. Dabei muss die abhängige von der unabhängigen Stichprobe unterschieden werden:

- **Abhängige Stichproben:** Typisch für abhängige Stichproben ist das zwei- oder mehrmalige Untersuchen derselben Personen, also beispielsweise vor und nach einem Therapieprogramm. Bei einer Befragung derselben Personen zu zwei Zeitpunkten muss etwa durch entsprechende Probandencodes sichergestellt werden, dass die zweiten Messwerte eindeutig den ersten zugeordnet werden können.
- **Unabhängige Stichproben:** Die Stichproben bestehen aus Elementen, die voneinander unabhängig sind, d. h., wer zur Stichprobe A gehört, kann nicht Teil der Stichprobe B sein. Typisch für ein unabhängiges Design wäre die Befragung von männlichen und weiblichen SchülerInnen zu einem bestimmten Thema, um mögliche Geschlechtsunterschiede zu untersuchen. Wer männlich ist, kann nicht Teil der weiblichen Stichprobe sein und umgekehrt.

1.3 Schluss von der Stichprobe auf die Grundgesamtheit

Die analytische Statistik beschäftigt sich also mit dem Schluss von der Stichprobe auf die Grundgesamtheit. Wie bereits mehrfach erwähnt, ist es in den allermeisten Fällen allein schon aus organisatorischen Gründen nicht möglich, die gesamte Population zu untersuchen.

Dabei stellt sich aber ein gravierendes Problem: Wie kann man etwas über eine Population aussagen, wenn nur Stichprobenresultate bekannt sind? Derartige Schlüsse sind nicht mit Sicherheit möglich, sondern nur als Wahrscheinlichkeitsaussagen formulierbar, was wir schon bei unserem Beispiel bei der Hochrechnung von Wahlen festgehalten haben.

Bei Wahlprognosen finden wir solche Unsicherheiten durch die Angabe eines Intervalls von zumeist „+/−2 %": Auf die Partei X werden 38 % (+/−2 %) der Stimmen entfallen, womit ausgedrückt wird, dass mit einer bestimmten Wahrscheinlichkeit der „wahre" Anteil der Wähler dieser Partei (also der Anteil der Wähler in der Population der Wahlberechtigten) im Bereich von 36 % bis 40 % liegt. Könnte man alle Wahlberechtigten befragen und nicht nur eine Stichprobe von zumeist rund tausend Personen, bräuchte man nicht die Wahrscheinlichkeit bemühen, sondern könnte eine „sichere" Aussage treffen. Die Situation ist vergleichbar mit dem Schwangerschaftstest: Zu Beginn der Schwangerschaft ist es nicht möglich, zu sehen, ob eine Frau schwanger ist oder nicht. Aber mit 99,9%iger Wahrscheinlichkeit ist sie es nicht, sollte das Testergebnis (dieses steht hier beispielhaft für die Stichprobe) negativ sein, und mit vergleichbarer Wahrscheinlichkeit ist sie schwanger bei positivem Testergebnis.

Beim Schluss von einer Stichprobe auf die dahinterliegende Grundgesamtheit muss auch der Stichprobenumfang beachtet werden. Nach dem „Gesetz der großen Zahlen" nähern sich die Eigenschaften einer Stichprobe mit wachsendem Umfang den Eigenschaften der Grundgesamtheit an. Für die praktische Arbeit muss jedoch eine handhabbare Lösung gefunden werden und oft können aus Zeit- bzw. Kostengründen Stichprobenumfänge nicht in optimalem Umfang erhoben werden.

Eine verbindliche Untergrenze kann auch hier nicht in eine Zahl gefasst werden, da dies von einigen Komponenten, wie z. B. der Streuung der untersuchten Variable oder der relative Anteil der Stichprobe an der Gesamtpopulation, abhängig ist und individuell entschieden werden muss.

Für die Repräsentativität einer Stichprobe und die Anwendbarkeit der meisten Test- und Schätzverfahren der analytischen Statistik sollte jedoch ein Mindestumfang von 30 (bzw. 50) Fällen gegeben sein.

1.4 Zusammenfassung des Kapitels

Grundsätzlich wird die Deskriptivstatistik von der Inferenzstatistik unterschieden. Deskriptiv heißt, in der Datenaufbereitung beschreibend vorzugehen. Die Darstellung der Ergebnisse erfolgt in Form von Grafiken, Tabellen und einzelner statistischer Kennzahlen. Im Gegensatz dazu ermöglicht die Inferenzstatistik, über die bestehende Stichprobe hinaus Aussagen über die dahinterstehende Grundgesamtheit zu treffen. Es müssen dazu Hypothesen formuliert werden.

Als Stichprobe wird eine kleine Teilmenge der sogenannten Grundgesamtheit verstanden, die nach bestimmten Kriterien ausgewählt wird. Wir können dabei die einfache Zufallsstichprobe, die geschichtete Zufallsstichprobe, die Klumpenstichprobe und die Ad-hoc-Stichprobe unterscheiden. Selbstverständlich kann eine Stichprobe auch willkürlich gezogen werden, dies wäre z. B. das Quotaverfahren. Diese kleine Teilmenge soll repräsentativ sein, d. h. die Grundgesamtheit in ihren Eigenschaften gut abbilden. Um dies zu gewährleisten, ist in der sozialwissenschaftlichen Untersuchungsplanung die häufigste Art der Stichprobe die Zufallsstichprobe, in ihr hat jedes Element der Grundgesamtheit die gleiche Wahrscheinlichkeit, ausgewählt zu werden.

Ein weiterer wesentlicher Aspekt ist die Differenzierung zwischen abhängigen und unabhängigen Stichproben, vor allem wenn mittels analytisch-statistischer Verfahren Gruppenvergleiche angestellt werden sollen.

Wird von der repräsentativen Stichprobe auf die Grundgesamtheit geschlossen, kann dies nur mit einer gewissen Wahrscheinlichkeit getan werden. Eine absolute Aussage wäre nur durch eine Vollerhebung möglich.

1.5   Übungsbeispiele

Überprüfen Sie Ihr Wissen und versuchen Sie, die fünf Übungsbeispiele zu lösen:

1. Was wird unter deskriptivstatistischen Methoden verstanden?
2. Worin liegt der wesentliche Unterschied zwischen deskriptiven und analytischen Methoden der Statistik?
3. Nennen Sie Ihnen bekannte Stichprobenarten.
4. Wann wird von einer abhängigen bzw. unabhängigen Stichprobe gesprochen?
5. Was wird unter einer repräsentativen Stichprobe verstanden?

Die Lösungen zu den Übungsbeispielen finden Sie im Anhang auf Seite 170.

2 Messung in den Sozialwissenschaften

Versuchen wir einen grundsätzlichen Zugang zur Thematik des Messens im sozialwissenschaftlichen Bereich zu finden und holen dazu inhaltlich ein wenig aus.

Steyer und Eid (vgl. 2001, S. 1) teilen den Forschungsprozess in zwei Teile, einen theoretischen und einen empirischen. In der theoretischen Phase werden Fähigkeiten, Merkmale oder Eigenschaften strukturiert und definiert. Danach folgt die empirische Überprüfung einer Theorie, welche gegebenenfalls neu formuliert und wieder getestet werden muss (mehr dazu in Kapitel 3). Dazu ist es notwendig, die Theorie mit der Praxis zu verknüpfen und Messmodelle abzuleiten. Die Verknüpfung von Theorie und Praxis bezeichnen Steyer und Eid als „Überbrückungsproblem" oder „Operationalisierung" (vgl. Bühner, 2004, S. 69). Unter Operationalisierung wird also das Messbarmachen von Konstrukten (Begriffen) verstanden.

Aus den Naturwissenschaften kennen wir Messungen, die auf den ersten Blick als eindeutig und jederzeit wiederholbar erscheinen. Messungen etwa in der Psychologie sind für uns jedoch schwerer nachvollziehbar, da wir an ihrer Genauigkeit und Eindeutigkeit Zweifel hegen und vor allem die zu messenden Objekte andere Eigenschaften besitzen. Dennoch werden und müssen in den Sozialwissenschaften ebenfalls Messmodelle abgeleitet und eingesetzt.

Aus dieser Feststellung leitet sich eine wesentliche Frage ab, nämlich: Wie können empirische Größen, als Beispiel seien Intelligenz, Aggression, Stress, Ablehnung einem Thema gegenüber, Zustimmung zu einem Thema etc., genannt, gemessen, also quantifiziert werden? Die Überführung dieser Konstrukte in Zahlen und messbare Größen erscheint auf den ersten Blick als nicht einfach und eindeutig. Die Ermittlung quantitativer Aussagen von physikalischen Größen erfolgt hingegen über festgelegte Maßeinheiten wie Kilogramm, Meter etc. Zur Quantifizierung empirischer (z. B. psychischer) Merkmale gibt es keine Maßeinheiten. Deswegen muss mit einem Spezialfall der Messung gearbeitet werden – der Skalierung.

Grundsätzlich wird unter einer Skala ein Instrument zur Messung von (theoretischen) Konzepten, wie z. B. Intelligenz oder Einstellungen zu verschiedenen Themen (Arbeitsmotivation, Fremdenfeindlichkeit, Umweltbewusstsein ...), verstanden.

Ziel einer Skalenbildung ist die Zuordnung eines Skalenwerts zu einer Person hinsichtlich eines zu untersuchenden Konzepts oder Merkmals (z. B. Umweltbewusstsein, Geschlecht etc.).

Dieser Skalenmesswert soll zum Ausdruck bringen, wo sich die Personen auf den untersuchten Dimensionen befinden oder welcher Gruppe sie angehören. Diese Werte sind für die Berechnungen mithilfe von Statistikprogrammen wie SPSS unerlässlich.

Ein Beispiel soll dies veranschaulichen: Es bezieht sich auf den in der Einleitung bereits erwähnten Übungsfragebogen „Fragebogen zur Studien- und Lebenssituation bei Studierenden der Ernährungswissenschaften im Jahr 2008", den Sie im Anhang auf S. 182 finden können.

Dort findet man im Fragenkomplex C (zur Person) unter C1.1 die Frage (das Item):

Sie sind   ☐ männlich   ☐ weiblich?

Die befragten Personen müssen sich entsprechend ihrer Zugehörigkeit mit einem Kreuz einer der beiden Kategorien zuordnen. Um die Ergebnisse messbar zu machen, also Aussagen wie diese in Kapitel 1 (z. B. 70 Studierende sind männlich/57 Studierende sind weiblich) treffen zu können, müssen den Ausprägungen der Variable „Geschlecht" (männlich/weiblich) Zahlen zugeordnet werden, um danach eine Auszählung zu ermöglichen.

Nehmen wir an, dass es eine willkürliche Festlegung gibt, männlichen Personen die Zahl 1 zuzuordnen und weiblichen Personen die Zahl 2. Damit erfolgt eine Vergabe von Messwerten (1 oder 2) – sie könnten in diesem Fall übrigens auch umgekehrt vergeben werden, dazu im Folgenden Genaueres. Es ist somit eindeutig nachvollziehbar, welche Zahl welchem Geschlecht zugeordnet ist. Die empirische Größe „Geschlecht" wurde durch diesen Vorgang messbar gemacht – eigentlich könnte man sehr vereinfacht ausdrücken, der Variable wurde ein Skalenniveau zugewiesen.

Die hohe inhaltliche und praktische Relevanz dieses Vorgangs wird in Zusammenhang mit der Konstruktion eines Erhebungsinstruments (z. B. einer schriftlichen Befragung) deutlich, da zu diesem Zeitpunkt genau überlegt werden muss, welche Daten zur Interpretation der Testergebnisse benötigt werden und im Vorfeld, welche Ausprägungen und somit Zahlen ihnen zugeordnet werden. Allgemeiner: Welche Ergebnisse möchte ich aus der Untersuchung beziehen? Kann ich sie mit meinen Vorgaben aus den gestellten Fragen filtern? (siehe Kapitel 4).

2.1   Skalenniveaus

Es lassen sich verschiedene Ebenen (Skalenniveaus) unterscheiden, auf denen gemessen werden kann. Es kommt je nach Skalenniveau zu einer unterschiedlich genauen Abbildung empirischer Sachverhalte. Jedes von ihnen hat bestimmte Eigenschaften und entscheidet über die möglichen mathematischen Operationen einer Variable, die Transformationen ohne Informationsverlust und vor allem, welchen Informationsgehalt das entsprechende Merkmal liefert.

> Die vier Skalenniveaus sind: Nominal-, Ordinal-, Intervall- und Verhältnis- bzw. Absolutskala. Nominal- bzw. ordinalskalierte Merkmale bezeichnet man als kategorial. Die Intervall-, Verhältnis- bzw. Absolutskalen werden zur sogenannten Kardinalskala zusammengefasst. Merkmale auf diesen Skalen werden metrisch genannt.

Die Darstellung der Skalenarten erfolgt hierarchisch von der einfachsten, relativ ungenauen bis hin zur exaktesten Messstruktur, die vor allem im physikalisch-naturwissenschaftlichen Bereich Anwendung findet. In der Sozialwissenschaft ist sie eigentlich kaum anzutreffen.

Um zu den erforderlichen Definitionen einen Zugang zu finden, sollen vorweg zwei grundlegende Termini erörtert werden. Es handelt sich dabei um das empirische und numerische Relativ- oder Relationensystem. Bortz und Döring (1999, S. 18) verstehen unter einem empirischen Relativ „eine Menge von Objekten und eine oder mehrere Relationen, mit denen die Art der Beziehung der Objekte untereinander charakterisiert wird". Besteht die Menge von Objekten aus empirischen Objekten, spricht man von einem empirischen Relativ (vgl. ebd.). Dies könnten z.B. Studierende einer Seminargruppe, KursteilnehmerInnen eines Kochkurses, SchülerInnen einer Klasse, aber auch verschiedenste vorhandene Augenfarben sein.

In der Folge wird die Zuordnung von Zahlen (Kodierung) zur Verarbeitung der Daten dargestellt. Es ist uns durchaus aus unserem Leben geläufig, Zahlenzuordnungen für Eigenschaften oder Ergebnisse zu treffen. Dies beginnt schon im Kindergarten mit der Zuordnung in Gruppen und wird z.B. in der Schule mit den Schulstufen weitergeführt.

2.2   Nominalskala

> „Eine Nominalskala ordnet den Objekten eines empirischen Relativs Zahlen zu, die so geartet sind, dass Objekte mit gleicher Merkmalsausprägung gleiche Zahlen und Objekte mit verschiedener Merkmalsausprägung verschiedene Zahlen erhalten" (ebd., S. 20).

Beispiele für Variablen und deren Zahlenzuordnungen (Kodierungen)

Geschlecht: 1 = weiblich
                       2 = männlich

Familienstand: 1 = ledig
                       2 = verheiratet
                       3 = verwitwet
                       4 = geschieden

Raucher: 1 = ja
                       0 = nein

Sozialforschung ist   1 = stimme ich zu
langweilig: 2 = stimme ich nicht zu

Betrachten wir die Variable „Familienstand": Die Zuordnung der Zahlen 1, 2, 3 und 4 zu den Ausprägungen „ledig", „verheiratet", „verwitwet" und „geschieden" ist völlig willkürlich und könnte auch anders gewählt werden. Keinesfalls soll ausgedrückt werden, dass ledige vor den geschiedenen Personen eingestuft werden, weil sie mehr Bedeutung (z. B. gesellschaftliche Akzeptanz) haben. Den Zahlen kommt keinerlei empirische Bedeutung zu. Die Ziffern drücken lediglich eine Ungleichheit bzw. Gleichheit aus.

Ebenso hat die Kategorisierung bei der Variable „Raucher" für die Zuordnung 1 oder 0 keinerlei empirische Relevanz. Eine Person, die nicht raucht (0), ist nicht „schlechter" als eine Person, die raucht (1).

Die Zuordnung der Zahlen auf Nominalskalenniveau kennzeichnet unterschiedliche Qualitäten oder Kategorien einer Variable. Dazu sind zwei Annahmen bei der Zuweisung von Zahlen zu treffen:
1. **Exklusivität:** Unterschiedlichen Ausprägungen einer Variable (Merkmal) werden unterschiedliche Zahlen zugeordnet.
2. **Exhaustivität:** Für jede beobachtete oder potenziell bestehende Merkmalsausprägung existiert eine Zahl (vgl. Rasch et al., 2006, S. 9).

Nominalskalierte Variablen sind aufgrund ihres niedrigen Skalenniveaus in ihrer Auswertungsmöglichkeit sehr eingeschränkt. Statistische Operationen beschränken sich in der Regel darauf, für verschiedene Merkmalsausprägungen eine Häufigkeitsverteilung darzustellen. Deskriptivstatistische Methoden anderer Art wie Darstellungen in Diagrammen, sind möglich. Dies wird in der Folge noch genauer demonstriert.

2.3   Ordinalskala

„Eine Ordinalskala ordnet den Objekten eines empirischen Relativs Zahlen zu, die so geartet sind, dass von jeweils 2 Objekten das Objekt mit der größeren Merkmalsausprägung die größere Zahl erhält" (Bortz, 1999, S. 21).

Beispiele für Variablen und deren Zahlenzuordnungen (Kodierungen)

Rauchgewohnheiten: 1 = Nichtraucher
                               2 = mäßiger Raucher
                               3 = starker Raucher
                               4 = sehr starker Raucher

Höchster Schulabschluss: 1 = Hauptschule
                                2 = Polytechnischer Lehrgang
                                3 = Fachschule
                                4 = Berufsbildende höhere Schule

Ein ganz typisches und auch sehr häufiges Beispiel einer ordinalskalierten Variable ist die Kategorisierung der Altersklassen:

Wie alt sind Sie?   1 = bis 24 Jahre
                         2 = 25 bis 34 Jahre
                         3 = 35 bis 44 Jahre
                         usw.

Diese Vorgangsweise ist bei der Variable „Alter" allerdings eher nicht empfehlenswert, da sie zu einer Reduktion des Informationsgehalts führt. Eine genaue Altersangabe in Jahren wäre sinnvoller, darauf wird noch näher eingegangen.

Wenn wir diese Variablen betrachten, kommt den vergebenen Kodezahlen (1–4) eine empirische Bedeutung zu – sie geben die Ordnungsrelation wieder. Die Variable ist nach ihrer Wertigkeit aufsteigend geordnet: Ein mäßiger Raucher raucht weniger als ein starker Raucher, und der wiederum weniger als ein sehr starker Raucher.

Variablen, bei denen der verwendeten Kodezahl eine empirische Relevanz hinsichtlich ihrer Ordnung zukommt, nennt man ordinalskaliert.

Die empirische Relevanz dieser Variablen bezieht sich aber nicht auf die Differenz zweier Kodezahlen. Die Differenz zwischen den Kodezahlen eines Nichtrauchers und eines mäßigen Rauchers einerseits und eines mäßigen Rauchers und eines starken Rauchers andererseits ist jeweils 1, allerdings wird man keinerlei Aussage darüber treffen können, dass dieser Unterschied zwischen einem Nichtraucher und einem mäßigen Raucher einerseits und zwischen einem mäßigen Raucher und einem starken Raucher andererseits gleich ist. Dazu sind die Begrifflichkeiten zu vage.

> Das Wesen ordinalskalierter Daten liegt darin, dass sie vergleichende Aussagen über größer/kleiner oder besser/schlechter und gleich/ungleich zulassen.

Die Ordinalskala inkludiert die Aussagen der Nominalskala (Ungleichheit oder Gleichheit). Zu den erwähnten Annahmen der Exklusivität und Exhaustivität kommt eine weitere hinzu, welche die Eigenart der Ordinalskala kennzeichnet. Es ist dies die Bedingung, dass 3. die gewählten Zahlen Unterschiede einer bestimmten Größe in Bezug auf die Merkmalsausprägungen darstellen (vgl. Rasch et al., 2006, S. 10).

Neben Häufigkeitsdarstellungen ist auch die Berechnung gewisser statistischer Kennwerte wie etwa des Medians (siehe Kapitel 6.3) möglich. Die Berechnung von Mittelwerten kann in bestimmten Fällen Sinn machen. Auf die Berechnung von Zusammenhängen (Korrelationen) mit anderen Variablen und deren Bedingungen wird später eingegangen (siehe Kapitel 9).

2.4 Intervallskala

„Eine Intervallskala ordnet den Objekten eines empirischen Relativs Zahlen zu, die so geartet sind, dass die Rangordnung der Zahlendifferenzen zwischen je 2 Objekten der Rangordnung der Merkmalsunterschiede zwischen je 2 Objekten entspricht" (Bortz, 1999, S. 23).

Beispiele für Variablen

Intelligenzquotient: IQ 110; IQ 120; IQ 130 (hier ist der Unterschied zwischen IQ 110 und IQ 120 ebenso groß wie zwischen IQ 120 und IQ 130 – es sind immer 10 IQ-Punkte.

Temperaturmessung in Grad Celsius: 20 Grad Celsius; 30 Grad Celsius; 40 Grad Celsius – hier gilt dieselbe Zugangsweise – die Abstände sind gleich. Man spricht auch von äquidistanten Abständen.

In diesen Fällen kommt es bei der Eingabe in ein Statistikprogramm nicht zur Zuordnung von Kodezahlen, sondern es werden die einzelnen Werte (z. B. 110, 120, 130 etc.) verarbeitet. Diese Vorgangsweise wird bei allen metrischen Variablen gewählt.

Die oben genannten Werte geben nicht nur eine Rangordnung der beteiligten Personen wieder, sondern der Differenz von zwei Werten kommt auch eine empirische Bedeutung zu.

Ein Beispiel hierzu: Wenn Person A einen IQ von 80, Person B einen von 120 und Person C einen von 160 hat, so kann man sagen, dass Person B im Vergleich zu Person A ebenso viel intelligenter ist wie Person C im Vergleich zu Person B, nämlich um 40 IQ-Punkte.

Aber trotz der Werte 80 für Person A und 160 für Person C kann man aufgrund der Konstruktion des IQs nicht sagen, dass Person C doppelt so intelligent wie Person A ist. Das kann damit begründet werden, dass der Bezugspunkt – der absolute Nullpunkt – fehlt.

Rein theoretisch gibt es den Punkt-0-IQ, nur ist er in der Natur nicht auffindbar und auch in der Konstruktion des Intelligenzquotienten nicht umgesetzt. Er ist willkürlich festgelegt, wie auch die Abstände zwischen den IQ-Punkten festgelegt sind.

Variablen, bei denen der Differenz (dem Intervall) zwischen zwei Werten eine empirische Bedeutung zukommt, nennt man intervallskaliert. Sie sind in der empirischen Sozialforschung sicherlich die wichtigsten, und es wird oft vorweg unter Verwendung verschiedener Antwortformate dieser Skalentyp gewählt.

„Daten, die Differenzbildung (A – B = C – D), Relationen (größer/kleiner oder besser/schlechter) und Aussagen über Unterschiede (Gleichheit/Ungleichheit) zulassen, haben Intervallskalenniveau" (Bühner, 2004, S. 70). Zu den genannten Annahmen kommt nun eine vierte hinzu: 4. „Gleich große Abstände zwischen zugeordneten Zahlen repräsentieren gleich große Einheiten des Konstrukts" (Rasch et al., 2006, S. 11). Hier wird auf die bereits erwähnte Äquidistanz hingewiesen. Es werden gleich große Abstände zwischen den Einheiten angenommen.

Die Differenzierung von Ordinal- zu Intervallskala ist oft strittig und fließend. Ein Beispiel sind die Noten von 1–5, die man als eindeutig ansieht. Wenn sie jedoch auch auf die dahinterliegende Punkteanzahl bezogen werden, könnte man ihnen sehr wohl Intervallskalenniveau zusprechen. Der Fall liegt selbst bei Angaben gewisser Anzahlen etwas im Graubereich, z. B. bei der von Kindern – dieser Variable kann ebenfalls Intervallskalenniveau zugesprochen werden, wenn keine Kategorien gebildet wurden (vgl. Zöfel, 2003, S. 22).

Die statistische Bearbeitung intervallskalierter Variablen unterliegt keinerlei Einschränkungen. So ist die Berechnung des arithmetischen Mittels mit dem dazugehörenden Streuungsmaß der Varianz bzw. Standardabweichung eine statistisch sinnvolle Operation zur Beschreibung der Variable.

2.5 Verhältnisskala

„Eine Verhältnisskala ordnet den Objekten eines empirischen Relativs Zahlen zu, die so geartet sind, dass das Verhältnis zwischen jeweils 2 Zahlen dem Verhältnis der Merkmalsausprägungen der jeweiligen Objekte entspricht" (Bortz, 1999, S. 24).

Beispiele für Variablen

Wie alt sind Sie? _____ *Jahre*

Geben Sie Ihr Körpergewicht in Kilogramm an: _____ kg

Die höchste Stufe der Skalierung ist erreicht, wenn auch den Verhältnissen zweier Werte empirische Bedeutung zukommt.

Ein Beispiel wäre das Alter: Ist Max 30 Jahre und Moritz 60 alt, dann ist Moritz doppelt so alt. Man nennt solche Variablen verhältnisskaliert. Es sind dies intervallskalierte Variablen, die einen absoluten Nullpunkt besitzen und somit diese Aussagen zulassen.

In der Praxis ist die Unterscheidung von intervall- und verhältnisskalierten Variablen in der Regel nicht relevant, da ab Intervallskalenniveau wesentliche statistische Operationen durchgeführt werden können und das Verhältnisskalenniveau in der empirischen Sozialforschung selten anzutreffen ist.

Zusammenfassend kann man also sagen, dass es vier Skalenniveaus gibt, auf denen Zahlenwerte gemessen werden können:

Tab. 2.1: Skalenniveaus

Skalenniveau	empirische Relevanz	mögliche Eigenschaften
Nominal	keine	= / ≠
Ordinal	Ordnung der Zahlen	= / ≠ ; < / >
Intervall	Differenz der Zahlen	= / ≠ ; < / > ; + / −
Verhältnis	Verhältnisse der Zahlen	= / ≠ ; < / > ; + / − ; x / :

Die dimensionale Auflösung (in ihre einzelnen Facetten) der untersuchten empirischen Größe muss unter verschiedenen Gesichtspunkten betrachtet werden. Die Wahl des Antwortformats hängt damit zusammen, dass die resultierenden Daten ein Skalenniveau haben, welches die erwarteten Interpretationen ermöglicht. Das Antwortformat ordnet Zahlen zu (dazu mehr im Kapitel 4).

Es leiten sich natürlich dadurch Konsequenzen für die Planung empirischer Untersuchungen ab. Man sollte immer ein hohes Skalenniveau anstreben. Für die Auswertung von gewonnenen Daten und die Anwendung von statistischen Verfahren muss das Skalenniveau der Variablen bekannt sein.

2.6 Zusammenfassung des Kapitels

Um empirische Größen, wie z. B. Stress, Ablehnung gegenüber einem Thema etc., quantifizieren zu können, müssen sie messbar gemacht werden, also in Zahlen überführt werden.

Da es im Bereich der Sozialwissenschaften zum Großteil nicht um die Messung physikalischer Größen geht, die über eine festgelegte Maßeinheit (kg, cm, dm) verfügen, bedient man sich eines Spezialfalls der Messung – der sogenannten Skalierung. Ihr Ziel ist die Zuordnung einer Person hinsichtlich ihrer Position bzw. Zugehörigkeit zum untersuchten Merkmal bzw. Konstrukt.

Es lassen sich vier Skalenarten voneinander unterscheiden. Es sind dies die Nominal-, Ordinal-, Intervall- und Verhältnisskala. Beginnen wir bei der einfachsten und ungenauesten:

■ Die **Nominalskala** drückt lediglich eine Gleichheit bzw. Ungleichheit aus. Sie differenziert z. B. zwischen roten und blauen Kugeln.

■ Die **Ordinalskala** drückt zusätzlich zu dieser Gleichheit bzw. Ungleichheit eine Rangordnung zwischen den Ausprägungen der Variable aus. Es sind Aussagen wie größer/ kleiner, besser/schlechter oder mehr/weniger möglich.

■ Die **Intervallskala** ist dadurch gekennzeichnet, dass sie ebenfalls zwischen ungleich/ gleich differenziert und zusätzlich eine Rangordnung wiedergibt. Das Spezielle an ihr ist, dass den Differenzen von zwei Werten auch eine empirische Bedeutung zukommt.

■ Die **Verhältnisskala** ist die höchste Stufe der Skalierung. Bei ihr kommt auch den Verhältnissen zweier Werte (nicht nur Differenzen) empirische Bedeutung zu.
Sie hat im Gegensatz zur Intervallskala einen absoluten Nullpunkt, der in der Natur auffindbar ist.

In der Praxis ist die Unterscheidung zwischen intervall- und verhältnisskalierten Variablen in der Regel nicht relevant, da ab Intervallskalenniveau wesentliche statistische Operationen durchgeführt werden können und das Verhältnisskalenniveau in der empirischen Sozialforschung selten anzutreffen ist.

2.7   Übungsbeispiele

Überprüfen Sie Ihr Wissen und versuchen Sie, die fünf Übungsbeispiele zu lösen (vgl. Anhang, S. 182):

1. Nennen Sie die Skalenniveaus hierarchisch vom ungenauesten bis zum exaktesten.
2. Welche Eigenschaften besitzt eine Intervallskala?
3. Welches Skalenniveau hat die Variable (Alter), C1.2 des Übungsfragebogen? Das Item lautet: Sie sind _____ Jahre alt.
4. Welches Skalenniveau hat die Variable (Sportlichkeit), C1.5 des Übungsfragebogens? Das Item lautet: Als wie sportlich würden Sie sich selbst auf einer Skala von 0 % bis 100 % einstufen?

0 %	10 %	20 %	30 %	40 %	50 %	60 %	70 %	80 %	90 %	100 %

total unsportlich   total sportlich

5. Was ist der wesentliche Unterschied zwischen der Intervall- und der Verhältnisskala?

Die Lösungen zu den Übungsbeispielen finden Sie im Anhang auf Seite 170 f.

3 Die Untersuchungsplanung – von der Idee zur empirischen Forschung

(Sozial)wissenschaftliche Forschung definiert ihre Ziele in vier wesentlichen Bereichen. Allgemein können Forschungsarbeiten einem dieser vier Bereiche zugeordnet werden:

- **Deskription**, also die Beschreibung von Tatbeständen
- **Überprüfung** von Theorien und Hypothesen
- **Evaluation**, das ist die Überprüfung der Wirksamkeit von Projekten, Prozessen oder sozialen Interventionen
- **Exploration**, also die Erforschung/Erkundung von Tatbeständen

Grundsätzlich wird die Qualität einer empirischen Arbeit bzw. Untersuchung daran gemessen, ob sie das bestehende Wissen in ihrem Untersuchungsfeld erweitern und bereichern kann, ob also in gewisser Weise ein „Neuigkeitswert" besteht. Selbstverständlich wirft dieser Anspruch in der jetzigen Zeit, in der ForscherInnen einer fast unüberschaubaren Menge an Materialien und Untersuchungen unterschiedlicher Niveaus und Qualitäten gegenüberstehen, gewisse Schwierigkeiten in der Umsetzung auf. Die grundsätzliche Problematik beginnt schon damit, dass schwer einzuschätzen ist, ob ein Thema einzigartig ist und als einzigartiges auch umsetzbar wäre.

Fragen wie „Ist das Thema schon mehrmals behandelt worden? Besteht eigentlich ein sehr hohes Risiko im Replizieren von bereits mehrfach bekannten Ergebnissen?" tauchen auf und sind in sehr vielen Fällen nicht unberechtigt und in der ersten Phase der Überlegungen sehr wichtig.

Der erste empfehlenswerte Zugang, um eine empirische Arbeit in Angriff zu nehmen, ist, sich einen Themenüberblick zu verschaffen. Die Art, wie dies geschieht, ist sicherlich auch sehr stark von persönlichen Strategien abhängig. Vielen Personen fällt es z.B. nicht schwer, mit anderen ins Gespräch zu kommen, um über interessante, für eine Forschungsarbeit relevante Themen zu diskutieren. Andere Personen hingegen empfinden im persönlichen Kontakt Hemmungen und finden zuerst einen Zugang über schriftliches Material. In diesem Zusammenhang wäre eine Wertung der Zugänge völlig falsch, da unterschiedliche Strategien verfolgt werden können.

Der optimale Zugang wäre selbstverständlich gegeben, wenn eine Forschungsidee heranreifen könnte, sich also entwickeln könnte und nicht unter zeitlichem Druck entwickelt werden müsste. Falls es sich um eine Abschlussarbeit für ein Studium handelt, ergeben sich oft Anregungen durch einzelne Lehrveranstaltungen. Weitere Anregungen können durch Literatur, eigene Beobachtungen, Praktika und Gespräche entstehen und zur Hypothesenformulierung führen.

Oft wird gerade dafür zu wenig Zeit geplant und mit Ungeduld krampfhaft etwas „Untersuchbares" gesucht. Selbstverständlich entstehen die meisten Arbeiten auch unter externem Druck, z.B. sind sie mit dem Abschluss eines Studiums verbunden.

Allerdings soll an dieser Stelle schon erwähnt werden, dass es gerade in dieser Phase wichtig wäre, mit Ruhe und kritischem Blick an die Auseinandersetzung mit dem Thema zu gehen.

3.1 Die Themensuche

Bortz und Döring (2003, Kap. 2. 1) nennen verschiedenste Möglichkeiten der Themensuche für eine empirische Untersuchung. Da es sich um grundlegende Zugänge handelt, sollen sie kurz dargestellt werden:

3.1.1 Das Anlegen einer Ideensammlung

Oft sind es die spontanen Einfälle, die eine nähere Betrachtung wert sind. Allerdings müssen sie auch in geeigneter Form archiviert werden, um in Folge auf ihre Brauchbarkeit überprüft werden zu können. Wichtig erscheint dabei auch eine zeitliche Dokumentation, damit die Nachvollziehbarkeit der Entwicklung gegeben ist.

Karmasin und Ribing (2007) konkretisieren die Tipps zur Auswahl eines Themas und raten ebenfalls zu einer Ideensammlung und zur Dokumentation
- interessanter Fachartikel
- von Beiträgen aus Radio und Fernsehen
- im Studium aufkommender Ideen, die durch Anregungen aus Lehrveranstaltungen und Lehrmaterialien entstehen
- auch individueller Fragen – eigener Fragestellungen
- von Anregungen von anderen Personen – Angebote von Instituten
- von Möglichkeiten von Praxisstellen, Firmen und mit dem Thema befassten Organisationen, eventuell laufen auch Forschungsaufträge, an denen man sich beteiligen könnte (vgl. S. 19)

Die Überprüfung der Ideen kann/soll parallel dazu laufen – es muss unbedingt recherchiert werden, ob bereits wissenschaftliche Arbeiten zu diesem Thema vorliegen. Die meisten Themen sind selbstverständlich schon vielfach bearbeitet worden – es geht jedoch darum, die Herangehensweisen auch dahingehend zu überprüfen, ob sie identisch sind. Dazu empfiehlt es sich, Internetrecherchen durchzuführen und im Titel- und Stichwortregister von Bibliotheken (z. B. Universitäts-/Nationalbibliothek) Erkundigungen einzuziehen.

Es muss schon vorweg auf eine ausreichende Differenzierung der Arbeiten geachtet werden. Das gewählte Thema muss sich von anderen Arbeiten abheben – nicht nur im Titel.

3.1.2 Die Replikation von Untersuchungen

Auf den ersten Blick scheint die Wiederholung einer Studie weniger interessant, da die Idee und die dazugehörigen Hypothesen praktisch vorgegeben sind. Allerdings ist dies eine gängige Variante in der Wissenschaft, um unerwartete Ergebnisse einer nochmaligen Überprüfung zu unterziehen. Dies passiert bei Erkenntnissen, die dem derzeitigen Forschungsstand nicht entsprechen, aber eine höhere Aussagekraft hätten (vgl. Bortz et al., 2003, S. 41).

3.1.3 Die Mitarbeit an Forschungsprojekten

Diese Möglichkeit der Mitarbeit im Rahmen einer Lehrveranstaltung oder als Studienassistenz besteht leider nur für wenige Studierende. Die Mitarbeit an Projekten, die einige Institute dennoch anbieten können, ist mit einem sehr großen Vorteil verbunden. Meist hat schon Vorarbeit stattgefunden und Studierende treffen auf eine Rohstruktur. Die Fragestellungen sind meist erarbeitet, was einen gewissen Druck nehmen kann, allerdings auch das Risiko birgt, an Projekten beteiligt zu sein, die einen inhaltlich nicht ganz ansprechen (vgl. Bortz et al., 2003, S. 41).

3.1.4 Weitere kreative Anregungen

Die weiteren Anregungen, die Bortz et al. (2003, S. 41 f.) zur Themensuche geben, sollen hier nur auszugsweise aufgezählt werden, um einen Überblick zu vermitteln:
- **Intensive Fallstudien**: Schon Sigmund Freud hat durch gründliche Beobachtung einzelner Patientinnen Forschungsideen entwickelt. Selbstverständlich müssen die untersuchten Personen nicht berühmt und herausragend sein, es genügen Beobachtungen von einzelnen „gewöhnlichen" Menschen.
- **Selbstbeobachtung (Introspektion)**: Bei kritischer Selbstbeobachtung können interessante Fragestellungen entstehen, die vielleicht an anderen Personen überprüft werden können.
- **Sprichwörter:** In ihnen verbergen sich oft Erfahrungen über Generationen und sie können auch für die Gegenwart noch von hoher Relevanz sein.
- **Paradoxe Phänomene**: Bei genauerer Betrachtung ergeben sich in unserem Handeln oder in der Beobachtung anderer oft widersprüchliche Situationen, wie z. B. das bekannte Phänomen aus der Notfallpsychologie, dass Personen auf die Überbringung einer schrecklichen Nachricht mit Lachen reagieren können. Warum ist das so?
- **Die Analyse von Faustregeln:** Sie ergeben sich in gewisser Weise durch „Erfahrungslernen" und etablieren sich über Jahre. Gerade deshalb sind sie eine genauere Betrachtung und detaillierte Analyse wert.
- **Wandel von Alltagsgewohnheiten:** Gesellschaftliche Veränderungen über eine gewisse Zeit beobachtet, werfen eine Vielzahl von möglichen Forschungsideen auf, z. B. Wandel in den Geschlechtsstereotypien, Veränderungen in der Familienstruktur, Veränderungen im Berufsleben etc.

▌ **Probleme der Gesellschaft**: Es können sich durch tägliche Berichterstattungen via Medien Ideen für eine Forschungsarbeit ergeben.
▌ **Überprüfung widersprüchlicher Theorien:** Oft stößt man beim Literaturstudium auf Theorien, die inhaltlich auseinanderstreben. Daraus können sich sehr interessante Teilaspekte für die Entwicklung eines wissenschaftlichen Themas ergeben. Eigene wissenschaftliche Zugänge müssen entwickelt werden, um die Theorien zu überprüfen.

3.2   Konkretisierung und Formulierung einer Forschungsfrage

Die intensive Auseinandersetzung mit einem Thema und die Entwicklung verschiedenster Fragen daraus stellt leider noch keine Garantie auf eine erfolgreiche Arbeit dar.

Erfahrungsgemäß werden Themen für wissenschaftliche Arbeiten, im Speziellen für Diplomarbeiten, in ihren ersten Formulierungen thematisch viel zu weit, also sehr allgemein und wenig aussagend formuliert. Dies sind Formulierungen wie „Sprache in der Sozialarbeit" oder „Migration in Österreich". Würde man diese Themen bearbeiten, könnte man daran nur scheitern, da sie in ihrem Umfang nicht bearbeitbar sind. Ihrer Mehrdimensionalität könnte man in letzter Konsequenz nie gerecht werden. Sie würde den Rahmen der Arbeit sprengen.

Eine Fokussierung auf eine Teilfrage des Themas muss erfolgen – eine Präzisierung. Wichtig ist es, in diesem Stadium darauf zu achten, dass die zu erfassenden Konstrukte auch wirklich empirisch umsetzbar sind. Man muss sich immer bewusst vor Augen halten, dass nur kleine Ausschnitte aus Themenkomplexen empirisch erfasst werden können. **Es soll eine beantwortbare, konkret eingegrenzte Frage definiert werden.** Deshalb ist die bewusste Differenzierung zwischen Arbeitstitel und Forschungsfrage ein wichtiger gedanklicher Schritt.

Das formulierte Thema stellt den Arbeitstitel dar, also in gewisser Weise einen Überbegriff, an dem man sich während der Bearbeitung immer wieder orientieren kann und natürlich soll.

Jedoch sind umfangreiche Ausarbeitungen zu einem gewählten Thema noch lange kein Beitrag zur Weiterentwicklung einer Disziplin oder eines Fachbereichs und der Wissenschaft. In erster Linie geht es, wie bereits in der Einleitung zu diesem Kapitel erwähnt, um den Erkenntniszuwachs.

Dies kann in der Folge nur durch die Formulierung und Beantwortung einer Forschungsfrage geschehen.

Karmasin und Ribing (2007, S. 21) bringen dies mit einem Satz auf den Punkt: „Das Ergebnis Ihrer Arbeit soll eine Antwort liefern, und zwar eine Antwort auf eine Forschungsfrage!" Womit wir nun auch bei der großen Herausforderung angelangt wären, denn allgemeine Themen zu finden, ist sicherlich einfacher, als abgegrenzte und vor allem beantwortbare Forschungsfragen zu formulieren.

Nun wenden wir uns einigen Zugangsweisen zur Formulierung zu. Es handelt sich hierbei um einen sehr zeitaufwendigen Prozess am Beginn der wissenschaftlichen Arbeit, der aber unabdingbar ist und sich in letzter Konsequenz auch bezahlt macht. Je präziser sich diese Vorüberlegungen gestalten, desto mehr profitiert man während der Bearbeitung des Themas davon.

Als ersten Schritt bei der Formulierung einer Forschungsfrage kann nur der Versuch empfohlen werden, die Arbeit in einer einzigen Frage zu formulieren. Daraus ergeben sich nämlich unmittelbar der Zweck und das Ziel der Arbeit (vgl. ebd., S. 21).

Welche Strategien zur Formulierung der Forschungsfrage sollen nun weiter verfolgt werden? Einige Tipps:

- Prinzipiell ist ein ganz wesentliches Kriterium, dass sich die Fragestellung von anderen thematisch ähnlichen Arbeiten unterscheidet.
- Empfehlenswert sind sogenannte W-Fragen, das sind Fragen, die mit wie? warum? wozu? was? etc. beginnen.
- Es ist sicherlich zielführend, Forschungsfragen einfach, z. B. zeitlich, räumlich oder sachlich, einzugrenzen.
- Abzuraten ist von einer Frage, die widersprüchlich ist oder eine verkleidete Behauptung darstellt.
- Es besteht auch kein großes Interesse daran, die Fragenformulierung so unklar zu lassen, dass die Beantwortung nicht möglich ist.
- Vorsicht bei falschen Vorannahmen, beeinflussenden, tendenziösen Fragen und vor allem auch vor dem Gebrauch von unklaren Wörtern oder, was sicherlich noch mehr ins Gewicht fällt, Konzepten (vgl. ebd.).

Ist die Formulierung der Forschungsfrage gelungen, so wird sie in weitere Fragen aufgeteilt. Es werden Unterfragen entwickelt, deren Beantwortung die Basis der Arbeit darstellt. Sie sind auch der erste Ansatzpunkt für eine gezielte Literatursuche. Welche Informationen sind für die Beantwortung erforderlich? Danach richten sich die nächsten Schritte.

3.3 Die Literaturrecherche

Nachdem ein interessantes Thema gefunden wurde, beginnt nun die Suche nach gezielten Informationen dazu. Um eine grobe Einschätzung des inhaltlichen bzw. formalen Ausmaßes einer Arbeit zu erhalten, ist es ratsam, andere Arbeiten, die sich mit dem Themenbereich beschäftigen, durchzusehen. Dies stellt gerade bei Diplomarbeiten eine ganz gängige Variante dar.

Zusätzlich kann sich bei der Sichtung der Arbeiten die eigene Forschungsidee an anderen Ergebnissen und Theorien orientieren. Es können offene oder widersprüchliche Ideen und/oder Theorien aufgeworfen werden, die interessante und relevante Aspekte für die eigene wissenschaftliche Arbeit neu beleuchten.

Es ist anzunehmen, dass zur Entwicklung der Forschungsidee bereits eine erste grobe Literaturrecherche durchgeführt wurde. Nun ist es an der Zeit, sie detailliert und genauestens zu betreiben. Am Beginn stehen oft Begriffsdefinitionen, dazu sind Lexika, Handbücher und Wörterbücher geeignete Hilfsmittel. Eventuell gewinnt man durch die Lektüren weitere Informationen, wenn z. B. auf relevante Monografien und/oder Artikel verwiesen wird.

Ihr weiterer Weg sollte Sie unbedingt in relevante **Bibliotheken,** wie Instituts-, National- oder Universitätsbibliotheken führen, um nach themenbezogenen Schlagwörtern zu suchen. Vergessen Sie bei der Stichwortsuche auch nicht, sogenannte Thesauri, die synonyme und inhaltlich verwandte Begriffe zur Verfügung stellen, zu verwenden.

Neben **Bibliotheken, Instituten, BetreuerInnen** und **anderem Lehrpersonal** ist in der heutigen Zeit sicherlich die Suche über das **World Wide Web (WWW)** von hoher Relevanz. Angeblich soll es weltweit bereits an die sechshundert Suchmaschinen geben. Lassen Sie jedoch nicht außer Acht, dass man für die Suche im Internet auch gewisse Erfahrung und vor allem Suchstrategien entwickeln muss. Sonst könnte die Suche nicht zufriedenstellend und zielführend sein. Die Prognose auf Erfolg steigt bei der Wahl thematisch spezialisierter Suchmaschinen. Die Suche in Feldern wie Psychologie/Medizin/Forschung ist vielversprechend. Ohne viel Aufwand wird die Recherche im WWW immer besser.

Eine Alternative stellen auch sogenannte **Online-Datenbanken** dar. Sie werden meist täglich aktualisiert und stehen gegen Gebühr zur Verfügung. Sie stellen jedoch nur eine Alternative dar, wenn die anderen Recherchemöglichkeiten nicht zufriedenstellend und erschöpfend gewesen sind. Das Risiko eines negativen Rechercheerfolgs muss trotz meist hoher Gebühr einkalkuliert werden.

Nach einer ersten Durchsicht der erwähnten Quellen können sich eine Neustrukturierung und die weitere Eingrenzung des Themas ergeben. Es sollten sich in dieser Phase zumindest ein Überblick über die Hauptschwerpunkte in der Forschung zum relevanten Thema und die wichtigsten Ergebnisse der bekanntesten Autorinnen und Autoren, die sich dem Thema schon gewidmet haben, ergeben. Deren Methoden sollten für den/die LeserIn nachvollziehbar und in den Kontext eingeordnet sein.

In der jetzigen Phase ist es bereits wichtig, eine systematische **Dokumentation der Literatur** zu betreiben, um den Überblick zu bewahren. Dies erleichtert auch die Nachvollziehbarkeit von Zitaten und Inhalten, die man wiederfinden möchte. Ob dies in Form der altbewährten Karteikarten oder mittels einer Datenbank im PC passiert, hat keine Relevanz und obliegt der Person mit ihren individuellen Zugängen und Strategien. Je weiter der Prozess der Ausarbeitung der Fragestellungen fortschreitet, desto fokussierter wird auch die Suche geeigneter Literatur sein. Eine Verlagerung auf speziellere, eingegrenzte Teilaspekte wird erfolgen – Abstracts, Kongressberichte und Bibliografien werden in die engere Wahl gezogen. Meist sind aktuelle Zeitschriftenartikel eine wahre Fundgrube für weiterführende Literatur.

Prinzipiell ist die Verwendung von **Primär- bzw. Sekundärliteratur zu empfehlen.** Tertiärzitate, also Zitate aus Büchern, welche ihrerseits auf Zitaten des Originals aufbauen, sollen völlig vermieden werden. Ebenfalls abzuraten ist von sogenannter „Grauer Literatur", das sind Skripten, Seminararbeiten, Broschüren, Lernunterlagen, Flugblätter, Arbeitsunterlagen bzw. unveröffentlichte Manuskripte. Vorsicht sollte auch bei Internetadressen und Angaben aus Funk und Fernsehen geboten sein. Gerade die Nachvollziehbarkeit bei Zitaten kann zu späteren Zeitpunkten ein Problem darstellen. Bei der Recherche kann man bereits filtern, welche zitierten URL seriös wirken, denn die Annahme besteht, dass bekannte Firmen, Organisationen, Institutionen und WissenschaftlerInnen mit Bekanntheitsgrad darauf achten, dass Informationen, die mit ihnen in Verbindung gebracht werden, aktualisiert werden und Veränderungen, falls diese notwendig erscheinen, nachvollziehbar sind und bleiben.

3.4 Auswahl der Untersuchungsart – Forschungsdesign

Nach den vielseitigen Überlegungen, die zur Forschungsfrage (Was möchte ich überhaupt wissen? Was möchte ich genau wissen?) geführt haben, welche konkret und beantwortbar sein muss, kommt es im nächsten Schritt zur Planung und Erstellung des Forschungsdesigns und der Konstruktion der Instrumente zur Erhebung (siehe Kapitel 4).

Zum jetzigen Zeitpunkt sollte schon geklärt sein, welcher Zugang zur Untersuchung gewählt werden soll. Grundsätzliche Überlegungen müssen dazu miteinbezogen werden. Einerseits muss eingegrenzt werden, welche Gültigkeit der Ergebnisse angestrebt wird, konkreter formuliert: Welche Aussagen sollen mit diesen Ergebnissen getroffen werden?

Andererseits soll nach der Sichtung der relevanten Literatur und dem dokumentierten Kenntnisstand entschieden werden, ob mehrere Hypothesen oder eine Hypothese überprüft werden/wird oder ob erst eine Hypothese gefunden werden muss.

Je nach Stand der Forschung zum gewählten Thema sind drei Zugänge zu Untersuchungen zu unterscheiden:
1. **Explorativ:** Bei diesem Ansatz wendet man sich der Erkundung eher unbekannter Themenbereiche zu. Oftmals handelt es sich um Vorstudien. Charakteristische Untersuchungsarten sind im qualitativen Bereich angesiedelt. Dies sind: Qualitative Inhaltsanalyse, Einzelfallanalyse, Feldforschung, narrative Interviews, biografische Interviews, Gruppendiskussionen und Aktionsforschung.
2. **Deskriptiv:** Wir kennen diese Begrifflichkeit bereits aus Kapitel 1. Es handelt sich um einen beschreibenden Zugang. Es geht dabei weniger um die Suche nach Erklärungen oder Ursachenforschung, sondern um die Schätzung von gewissen Merkmalen einer klar definierten Population. Populationsbeschreibende Untersuchungen werden mit einfachen Zufallsstichproben, mit Klumpenstichproben oder mit geschichteten Stichproben durchgeführt.
3. **Explanativ:** Bei dieser Form wendet man sich der Ableitung und Überprüfung von gut begründeten Hypothesen und Theorien zu. Es handelt sich bei diesem Zugang um die Erforschung von Wirkungen, Ursachen bzw. Zusammenhängen. Ein Hauptthema ist

auch die Ergründung von Kausalitäten. Charakteristische Zugänge wären die Untersuchung von Unterscheidungshypothesen, Zusammenhangshypothesen, Veränderungshypothesen oder Einzelfallhypothesen.

Wenden wir uns der letzten Art, also der hypothesenprüfenden bzw. explanativen Untersuchung zu, so liegt ein wesentlicher Unterschied im Zugang der Formulierung der Hypothesen.

Es wird eine **unspezifische** von einer **spezifischen** unterschieden. Botz und Döring (2003, S. 56) beschreiben den Unterschied folgendermaßen: „Während eine *unspezifische Hypothese* nur behauptet, dass ein ‚irgendwie‘ gearteter Effekt vorliegt und allenfalls noch die Richtung des Effekts angibt, konkretisiert eine *spezifische Hypothese* auch den Betrag des Effektes bzw. die Effektgröße.“

Zur Überprüfung der Hypothese/n müssen nun Vorüberlegungen angestellt werden. Die Entwicklung eines Forschungsdesigns wird relevant.

> Das Forschungsdesign, auch Versuchsplan genannt, stellt die Basis für jede wissenschaftliche empirische Untersuchung dar.

Es ist quasi die Anleitung zur Untersuchung, in der definiert wird, wie die Fragestellung erhoben wird. **Was soll wie, an welchen Objekten und wie oft erhoben werden, um die Fragestellung beantworten zu können?**

Man unterscheidet drei Zugänge:
1. Experimentelles Design
2. Quasi-experimentelles Design
3. Ex-post-facto-Design (Nicht-experimentelles Design)

Zum Begriff des Experiments sei vorweg definiert, dass es sich dabei um ein lateinisches Wort handelt, welches die Ableitungen „Prüfung“, „Probe“, „Versuch“ oder „Beweis“ erlaubt. Im Kontext der Wissenschaft wird darunter eine methodische Versuchsanordnung verstanden und viele Wissenschaften bedienen sich des Experiments als einer der wichtigsten Methoden zur Theoriebildung.

Es ist durch zwei Bedingungen charakterisiert (vgl. Huber, 2005, S. 69):
1. Der Experimentator (das ist der Forscher/die Forscherin) variiert systematisch mindestens eine Variable, und registriert, welchen Effekt diese Veränderung bewirkt.
2. Es werden gleichzeitig dazu die Wirkungen von anderen Variablen ausgeschaltet. Dies bezieht sich auf die Kontrolle von Störvariablen.

Wenden wir uns der Differenzierung zwischen **experimentellem** und **quasi-experimentellem** Design zu. Bortz und Döring (2003, S. 58) treffen eine der möglichen Differenzierungen der beiden Zugänge durch die Wahl der Gruppe, die zur Untersuchung herangezogen wird.

Bei einer experimentellen Untersuchung werden rein zufällig zusammengesetzte Gruppen untersucht (Randomisierung) und bei der quasi-experimentellen sind die Versuchsgruppen natürlich „gewachsene".

Man geht davon aus, dass durch die Randomisierung (Zufallsauswahl) eine Überrepräsentation einer Variable nicht ermöglicht wird, sondern ein Ausgleich hergestellt wird. Die Technik der Randomisierung neutralisiert also Störvariablen (vgl. ebd., S. 58). Dies ist bei quasi-experimentellen Untersuchungen anders, was jedoch zu einer gewissen Unsicherheit hinsichtlich der Ergebnisse führt, da Gruppenunterschiede in Bezug auf die abhängige Variable nicht eindeutig den unabhängigen Variablen zuzuordnen sind. Es stellt sich die Frage nach der Gültigkeit der erwarteten Ergebnisse, also nach deren Aussagekraft.

In diesem Zusammenhang wird von der sogenannten **Validität (Gültigkeit)** gesprochen, bei der eine interne (innere) von einer externen (äußeren) unterschieden wird.

Von einer hohen internen Validität einer Untersuchung wird ausgegangen, wenn die bei der Untersuchung erzielten Ergebnisse eindeutig interpretierbar sind (beachte Störvariablen). Je mehr alternative Erklärungen für die Ergebnisse gefunden werden können, desto stärker sinkt sie.

Sie wird definiert: „*Interne Validität* liegt vor, wenn Veränderungen in den abhängigen Variablen eindeutig auf den Einfluß (!) der unabhängigen Variablen zurückzuführen sind bzw. wenn es neben der Untersuchungshypothese keine bessere Alternativhypothese gibt" (ebd., S. 57).

Von hoher externer Validität einer Untersuchung kann dann ausgegangen werden, wenn die erzielten Ergebnisse auf andere Personen oder Bedingungen umlegbar, also generalisierbar sind.

Sie wird definiert: „*Externe Validität* liegt vor, wenn das in einer Stichprobenuntersuchung gefundene Ergebnis auf andere Personen, Situationen oder Zeitpunkte generalisiert werden kann" (ebd., S. 57).

Wie stehen nun diese beiden Begriffe zueinander und was bedeuten sie in diesem Kontext? Das kann relativ einfach beantwortet werden, da die beiden immer in Wechselwirkung zueinander stehen. Der Versuch der Erhöhung der internen Validität geht meistens mit einer Reduktion der externen Validität einher – und umgekehrt. Es muss also immer eine gute Mittellösung gefunden werden, um mit dem Problem adäquat umgehen zu können.

Die dritte Form des Forschungsdesigns, das **Ex-post-facto-Design**, kommt dann zur Anwendung, wenn weder die Bedingungen für eine experimentelle noch quasi-experimentelle Untersuchung gegeben sind. Es kommt zu einer Messung der unabhängigen und abhängigen Variablen, und die Kontrolle der Störvariablen ist schwer durchführbar, besser gesagt eigentlich unmöglich. Es sind deshalb bei diesem Ansatz nur korrelative Aussagen möglich. Üblicherweise wird in Form einer Befragung eine große Menge an Daten mit relativ wenig Aufwand erhoben. Deshalb ist diese Form der Versuchsanordnung in den Sozialwissenschaften sicherlich die am meisten verbreitete.

Eine Unterteilung muss in **Querschnitt- bzw. Längsschnittstudien** getroffen werden. Bei der Durchführung einer Längsschnittstudie wird z. B. eine Befragung zu mehreren Zeitpunkten durchgeführt und dann werden die Ergebnisse miteinander verglichen.

Bei Querschnittstudien hingegen werden zum selben Zeitpunkt verschiedene Personen untersucht. Es kommt zu einer einmaligen Durchführung.

Es handelt sich sicherlich um die häufigste in den Sozialwissenschaften auftretende Form und sie interessiert uns deshalb am meisten.

In der nächsten Phase behandeln wir die Entwicklung des Erhebungsinventars, siehe Folgekapitel 4.

3.5   Ethische Bewertung einer Forschungsfrage

Die Bewertung einer Forschungsfrage ist nicht nur von rein wissenschaftlichen oder untersuchungstechnischen Kriterien abhängig. Ein sehr wichtiger Punkt für die Bewertung ist auch die Beurteilung nach ethischen Richtlinien (vgl. Bortz et al., 2003, S. 44).

Wenden wir uns einmal diesen wichtigen Überlegungen und Bewertungskriterien zu. Oft beschäftigen wir uns in unserer wissenschaftlichen Arbeit mit Themen, welche die Privatsphäre einer Person betreffen. Es darf dabei nicht vergessen werden, dass es sich beim „Recht auf Privatsphäre" auch um ein höchst persönliches Recht handelt, das in Österreich gesetzlich verankert ist. Es ist also zu gewährleisten, dass mit gewonnenen Daten kein Missbrauch irgendwelcher Art betrieben wird und sie nicht an dritte Personen weitergegeben werden.

Ein Grundproblem stellt auch möglicherweise die Abwägung zwischen wissenschaftlichem Fortschritt und Menschenwürde dar, es tritt speziell in humanwissenschaftlichen Studien auf. Eine objektive Beurteilung der eigenen Idee fällt oft sehr schwer oder ist eigentlich gar nicht möglich. Empfehlenswert ist deshalb, den Diskurs mit BetreuerInnen der Arbeit und/oder KollegInnen zu suchen.

Selbstverständlich sind jedoch zur Weiterentwicklung einzelner Teilbereiche Untersuchungen, die für die Versuchspersonen unangenehm sind, z. B. durch die Erzeugung von Frustration, nicht zu vermeiden. Sie können aber von großem wissenschaftlichem Interesse sein.

Grundsätzlich muss vom/von der Untersuchungsleiter/in die Verantwortung wahrgenommen werden, die Versuchspersonen über mögliche physische oder/und psychische Risiken zu informieren. Außerdem ist die Information über das Recht, die Teilnahme zu verweigern, wesentlich.

Es können sich einige Untersuchungsanordnungen ergeben, in denen es unerlässlich ist, die Personen über den wirklichen Inhalt der Befragung im Unklaren zu belassen. Diese Variante sollte allerdings nur gewählt werden, wenn es wirklich keinerlei Alternativen gibt. Sollte eine solche Anordnung gewählt werden, so müssen die Versuchspersonen zumindest am Ende der Befragung über die wahre Intention informiert werden. Das Recht auf den Rückzug ihrer Daten muss ihnen anschließend eingeräumt werden.

Freiwilligkeit muss großgeschrieben werden, sie ist eine Grundvoraussetzung.

Da die Verfälschbarkeit bei Befragungen eine eigene Problematik darstellt, kann man nur darauf hoffen, dass freiwillige und vor allem motivierte Personen an der Untersuchung teilnehmen. Handelt es sich zusätzlich noch um ein Thema, welches für die betroffenen Personen von hoher Relevanz ist, so reduziert sich die Wahrscheinlichkeit fehlender und verfälschter Angaben. Die Beantwortung in Richtung sozialer Erwünschtheit wird auch weiterhin ein großes Problem darstellen, dem wahrscheinlich nur mit testtheoretischen Möglichkeiten entgegengewirkt werden kann.

Zuletzt ein sehr wichtiger Punkt – die Anonymität, diese muss auf jeden Fall gewährleistet sein. Oft hätten Personen gerne Rückmeldungen über die Ergebnisse, jedoch wäre dies nur durch Kennzeichnungen der Fragebogen möglich. Es ist sicherlich der einfachere und gängige Weg, Personen über Gesamtergebnisse zu informieren.

3.6 Zusammenfassung des Kapitels

Die Ziele sozialwissenschaftlicher Forschung können in vier Bereiche geteilt werden: Deskription, Überprüfung von Theorien und Hypothesen, Evaluation und Exploration. Um eine Forschungsarbeit in einem dieser Bereiche zu gestalten, muss zunächst beachtet werden, dass sie sich von bereits bestehenden inhaltlich und/oder methodisch abheben muss. Es besteht ein Anspruch auf einen „Neuigkeitswert".

Zur Themensuche geben Bortz und Döring (2003, Kap. 2.1) folgende Anregungen: Anlegen einer Ideensammlung, Replikation von Untersuchungen, Mitarbeit an Forschungsprojekten, intensive Fallstudien, Introspektion usw.

Aus dieser Themensuche ergibt sich der Arbeitstitel, welcher allerdings von der Forschungsfrage differenziert werden muss. Das formulierte Thema stellt den Arbeitstitel dar, also in gewisser Weise einen Überbegriff. Die Forschungsfrage ist abgegrenzt. Sie soll beantwortbar sein, sich von anderen thematisch ähnlichen Arbeiten unterscheiden, nicht widersprüchlich sein und keine verkleideten Behauptungen darstellen. Sogenannte W-Fragen und die zeitliche, räumliche und/oder sachliche Abgrenzung der Frage ist empfehlenswert.

Nachdem ein interessantes Thema gefunden wurde, beginnt die Suche nach gezielter Information. Eine Sichtung anderer Arbeiten aus dem Fachbereich kann einen guten Überblick über den Stand der Wissenschaft geben und die eigene Arbeit befruchten.

Die Informationsgewinnung über relevante Bibliotheken ist unumgänglich und eine gute Basis für weitere Recherchen im World Wide Web und in Online-Datenbanken.

Danach erfolgt die Entwicklung des Forschungsdesigns. Es wird auch Versuchsplan genannt und stellt die Basis für jede wissenschaftliche empirische Untersuchung dar. Es ist quasi die Anleitung zur Untersuchung, in der definiert wird, wie die Fragestellung erhoben wird. Was soll wie, an welchen Objekten und wie oft erhoben werden, um die Fragestellung beantworten zu können?

Dabei werden das experimentelle, das quasi-experimentelle und das Ex-post-facto-Design (nicht-experimentelles Design) unterschieden. Wobei aus unterschiedlichen Gründen das nicht-experimentelle Design in der Praxis die höchste Relevanz hat.

Neben der rein wissenschaftlichen und untersuchungstechnischen Bewertung der Forschungsfrage sollten auch ethische Kriterien berücksichtigt werden. Exemplarisch seien das Recht auf Privatsphäre, Anonymität, Information und allgemein die Verhinderung von physischen und psychischen Risiken genannt.

3.7   Übungsbeispiele

Überprüfen Sie Ihr Wissen und versuchen Sie, die fünf Übungsbeispiele zu lösen.

1. Zählen Sie kurz einige Strategien zur Themensuche einer empirischen Arbeit auf.
2. Differenzieren Sie die Begriffe Arbeitstitel und Forschungsfrage.
3. Was bedeutet ein explorativer/deskriptiver bzw. explanativer Zugang zu einer Untersuchung?
4. Was wird unter einer unspezifischen und einer spezifischen Hypothese verstanden?
5. Was wird unter einem Forschungsdesign verstanden?

Die Lösungen zu den Übungsbeispielen finden Sie im Anhang auf Seite 171.

4 Datenerhebung: Die schriftliche Befragung (Fragebogen)

In diesem Kapitel kommt es zu einer kurzen Darstellung der Methoden der quantitativen Datenerhebung und zu einer ausführlichen Erläuterung der schriftlichen Befragung (Fragebogen-Methode) mit Schwerpunkt auf der inhaltlichen Vorbereitung und den Prinzipien der Konstruktion sowie den Richtlinien zur Formulierung der Fragen und möglichen Antwortformate.

Die Problematik der Fragebogenmethode wurde viel diskutiert und erfordert vorweg eine Erklärung, um Missverständnisse zu vermeiden. Es darf zu keinen falschen Vorstellungen und Erwartungen kommen, da diese Methode relativ rasch mit der Erhebung von Persönlichkeitsmerkmalen in der Psychologie in Verbindung gebracht wird und der Laie damit oft eine Vorstellung verbindet, unbewusste und tiefgründige Erkenntnisse zu gewinnen, die selbst der befragten Person unbekannt sind. Das ist eine völlig unrealistische Vorstellung, die eher ins Mystische geht.

Für unsere Zwecke geht es um die Erfassung von Meinungen, Einstellungen, Positionen zu Themen oder Sachverhalten. Der Fragebogen wird als Forschungsinstrument zu deren Erkundung eingesetzt. Es soll und kann in die Ergebnisse nur einfließen, worüber die Person konkret befragt wurde.

4.1 Methoden der quantitativen Datenerhebung

Als quantitative Methoden werden alle Vorgangsweisen, die zur numerischen Darstellung empirischer Sachverhalte dienen, verstanden.

Sie sollen, um einen Überblick zu geben, dargestellt werden, danach soll das Hauptaugenmerk auf die Befragung in schriftlicher Form gelegt werden.

Bei allen Kritikpunkten dieser Methode gegenüber hat das mit ihrer hohen praktischen Relevanz und ihren vielfältigen Einsatzmöglichkeiten zu tun.

Bortz und Döring (2003, S. 137) zählen neben der schriftlichen Befragung folgende gängigen quantitativen methodischen Zugänge zur Datenerhebung in den empirischen Sozialwissenschaften bzw. Humanwissenschaften auf:

1. **Zählen**: Zählen ist sicherlich eine der einfachsten Operationen in der Statistik. Es muss im Vorfeld zu einer konkreten und eindeutigen Festlegung der Kategorien kommen. Sie müssen einander ausschließen, damit es zu keinen inhaltlichen Überschneidungen kommt.
2. **Urteilen** (z. B. eine Rangordnung erstellen): Diese Methode ist subjektiv und damit auch störungsanfällig gegenüber Verzerrungen. Sie stellt dennoch eine mögliche und auch häufig eingesetzte Variante zur Beschreibung einzelner Variablen durch verschiedene Personen dar.

3. **Testen:** Dieser Begriff wird in erster Linie mit der Testdiagnostik in der Psychologie in Zusammenhang gebracht. Dabei wird versucht, Persönlichkeitsmerkmale bzw. Leistungskomponenten zu untersuchen. „Unter den Begriff ‚psychologische Tests‘ fallen sämtliche Leistungstests inklusive Intelligenztests sowie sogenannte „Objektive Persönlichkeitstests" (Rasch & Kubinger, 2006, S. 3).

4. **Befragen:** Die Befragung ist sicherlich die in der empirischen Sozialforschung am häufigsten eingesetzte Methode zur Datenerhebung. Dies ist auch der Grund, warum sie in diesem Kapitel detailliert dargestellt wird.
   Neben der schriftlichen Befragung gibt es auch die mündliche. Beide lassen sich nach Formen, Strukturierungsgrad und Standardisierung weiter unterteilen. Dies würde hier jedoch den Rahmen sprengen und von wesentlichen, für unsere Inhalte relevanten Aspekten wegführen.

5. **Beobachten:** In diesem Zusammenhang wird von einer systematischen Verhaltensbeobachtung ausgegangen, die sich von der zufällig gewonnenen Gelegenheitsbeobachtung/Alltagsbeobachtung unterscheidet.
   Von einer systematischen Verhaltensbeobachtung wird gesprochen, wenn die gewonnenen Beobachtungen in ein vorgefertigtes Kategoriesystem eingeordnet werden können. Zur Gewinnung quantitativer Daten sind dies sehr oft „Abzählungen" von Ausprägungen einer Variable/Verhaltensweise oder Äußerungen verbaler Art.

6. **Physiologische Messungen:** Diese finden ihre Anwendung oft in der Biologischen Psychologie. Sie erforscht die biologischen Grundlagen des Psychischen experimentell. Es können kardiovaskuläre Aktivitäten wie Herzschlagfrequenz und Blutdruck als psychologische Korrelate von Aktivierung, Stress oder Aufmerksamkeit abgeleitet werden. Eine weitere Möglichkeit stellen u. a. die Messungen der elektrodermalen oder muskulären Aktivitäten dar, welche speziell beim Biofeedback, einer Methode aus der Verhaltenstherapie und psychosomatischen Forschung, angewandt wird.

Mit diesen genannten Methoden wird versucht, Ausschnitte der Realität genau zu beschreiben und abzubilden. In der Praxis stellt es sich oft als erforderlich heraus, einzelne Methoden miteinander zu kombinieren. Die Methodenauswahl sollte sich in erster Linie an inhaltlichen Kriterien orientieren und nicht an finanziellen und zeitlichen Rahmenbedingungen.

4.2   Allgemeine inhaltliche Vorbemerkungen zur Fragebogenkonstruktion

Das Vorlegen von Fragen in schriftlicher Form, die von den UntersuchungsteilnehmerInnen selbständig beantwortet werden müssen, nennt man schriftliche Befragung.

Diese relativ kostengünstige und leicht praktikable Untersuchungsvariante eignet sich besonders für die Befragung großer homogener Gruppen.

Im Gegensatz zu anderen Verfahren im qualitativen Bereich erfordert sie allerdings einen sehr hohen Grad an Strukturiertheit des Befragungsinhalts im Vorfeld und verzichtet auf steuernde Eingriffe des Interviewers.

Der entscheidende Nachteil einer schriftlichen Befragung ist sicherlich die schwer zu kontrollierende Erhebungssituation. Oft werden schriftliche Befragungen auch per Post oder per E-Mail zugesandt und entziehen sich somit der Kontrolle des/der Untersuchungsleiters/-in. Ein Ausweg daraus ist die Vorgabe des Instruments unter standardisierten Bedingungen bei Anwesenheit eines/einer Untersuchungsleiters/-in.

Allgemein können Befragungen nach folgenden Kriterien eingeteilt werden:
1. Nach dem Standardisierungsgrad:
   - nicht gestaltbarer, starrer Ablauf, also **voll standardisiert**
   - teilweise gestaltbarer Ablauf, also **teilstandardisiert**
   - gestaltbarer, flexibler Ablauf, also **nicht standardisiert**

   Dieser Grad der Standardisierung kann sich auf
   - die Antwortmöglichkeiten
   - die Reihenfolge der Fragen
   - die Interviewsituation
   - die Formulierung der Fragen
   beziehen.

2. Nach der Kommunikationsart:
   - mündlich/persönlich, also Face-to-Face
   - schriftlich, also per Paper-Pencil-Vorgabe
   - telefonisch
   - elektronisch via Internet

Falls es zu Vergleichen von Daten kommt, müssen diese unterschiedlichen Zugänge immer Berücksichtigung finden.

4.3 Erste inhaltliche Schritte

Das Wichtigste zuerst: Der Konstruktion eines Fragebogens muss die **konkrete Formulierung einer Fragestellung** vorangehen.

Auf die Präzisierung der Fragestellung für eine Untersuchung sind wir bereits in Kapitel 3 näher eingegangen. Der Ablauf sollte Ihnen bereits geläufig sein: Man beschäftigt sich mit den ersten Ideen, die inhaltlich meist sehr breit sind und einer Fokussierung bedürfen. In einem ersten Brainstorming wird dann überlegt, welche Aspekte und Komponenten des gewählten Themas überhaupt relevant sind. Die Formulierung und Präzisierung des Forschungsthemas stellen also den ersten Schritt dar. In erster Linie geht es wieder um dieselben Fragen: „Was will ich genau wissen und erforschen?" Nach der Beantwortung orientiert sich die Konstruktion des Fragebogens.

Für die Entwicklung eines Fragebogens kann der Arbeitsaufwand sehr reduziert werden, wenn ein Thema im Team bearbeitet wird. Es kann sich auch als zweckdienlich erweisen, einen grafischen Zugang zur Unterstützung zu wählen.

Dazu kann als mögliche Strukturierungshilfe das Mind Mapping eingesetzt werden. Diese Methode ermöglicht die Erstellung eines grafischen Modells. Es können die Untersuchungsdimensionen und deren vermutete Zusammenhänge dargestellt werden. Aus dieser Dimensionalisierung können erste grobe Fragensammlungen bzw. Hypothesen erarbeitet werden.
   Selbstverständlich ist dies auch ohne PC-Unterstützung auf einem Blatt Papier möglich. Die folgende Abbildung soll einen Eindruck vermitteln.

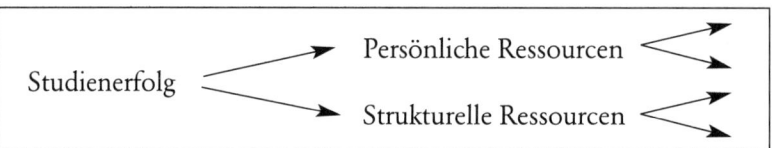

Abb. 4.1: Dimensionalisierung – Konstrukt Studienerfolg

Auf der Grundlage von Recherchen wissenschaftlicher Fachliteratur oder eigener Erfahrungen etc. wird/werden eine (oder auch mehrere) Hypothesen (Fragestellungen) auf der Sachebene formuliert.

Danach folgt erst die Überlegung, wie die Operationalisierung, also die Messung der einzelnen relevanten Variablen bzw. Merkmale, die sich in den Hypothesen finden, durchgeführt werden kann. Wie die Auswertung und Darstellung der resultierenden Messwerte gemäß der Sachhypothese aussehen müssen, besagt der weitere Schritt.

Diese Reihenfolge ist nicht unwesentlich, da sie die Gefahr reduziert, in einer Untersuchung etwas zu erfragen, was vermutlich leicht abfragbar ist und nicht das, was an Information wirklich zum Thema brauchbar ist.

Anregungen zur Konstruktion eines Fragebogens können auch durch die Sammlung von Ideen mittels explorativer Interviews mit Betroffenen oder ExpertInnen gewonnen werden, dies wäre dann ein qualitativer Zugang. In diesen Interviews kann man erfahren, welche Aspekte überhaupt für die Konstruktion des Fragebogens wichtig sind. Besondere Aufschlüsse geben dabei auch Gespräche mit Personen der Zielgruppe (falls es sich um ihre Befragung handelt).
   Die beiden komplementären Forschungsstrategien (qualitative und quantitative) werden in der Praxis sehr oft miteinander verbunden. Man spricht in diesem Fall von Methodentriangulation.

4.4 Prinzipien der Konstruktion

Bei der Konstruktion sind sowohl Prinzipien der Entwicklung von Fragebogen als auch Regeln des mündlichen Interviews zu beachten.

Grundsätzlich können Fragebogen als Instrumente zur Erfassung von Persönlichkeitsmerkmalen (z. B. Aggressivität) oder Einstellungen (z. B. zu politischen Parteien) angesehen werden.

In diesem Fall werden sie wie Testskalen, als deren Ergebnis ein Testwert zur summarischen Beschreibung der Ausprägung des geprüften Merkmals ermittelt wird, betrachtet (vgl. Bortz, 2003, S. 253).

Dieser Art steht eine zweite gegenüber, bei der die Erfassung konkreter Verhaltensweisen im Mittelpunkt steht, z. B. der Intensität der Nutzung von Freizeitangeboten, der Angaben über die Verhaltensweisen anderer Personen, wie etwa die Befragung der StudentInnen über die Lehrenden oder Angaben über allgemeine Zustände oder Sachverhalte, wie etwa eine Befragung über nächtliche Lärmbelästigung. Es geht nicht um Merkmalsausprägungen, sondern um Beschreibungen und Bewertungen konkreter Sachverhalte durch die befragte Person (vgl. ebd.).

Dieser Form wollen wir uns als Forschungsinstrument vertiefend zuwenden.

4.4.1 Fragenauswahl

Es ist ratsam, vor Beginn der Konstruktion zu überprüfen, ob es zum bearbeiteten Thema bereits Untersuchungsinstrumente und Erfahrungen gibt. Allerdings muss an dieser Stelle auch davor gewarnt werden, Resultate von vorausgegangenen Fragebogenanwendungen unreflektiert zu übernehmen. Es könnten sich hinsichtlich der Objektivität, Reliabilität und Validität Probleme ergeben und die Instrumente sich bei näherer Betrachtung als unbrauchbar herausstellen.

Der Analyse und Sichtung des vorliegenden Materials können jedoch erste gedankliche Ansätze folgen. Sie sind eine gängige Variante der Ideensammlung. Es muss allerdings zusätzlich darauf hingewiesen werden, dass einzelne Items (Fragen) nicht einfach im selben Wortlaut übernommen werden können. Sie unterliegen einem urheberrechtlichen Schutz. Der Irrglaube, dass ein Fragebogen rasch von jedermann ohne Vorkenntnisse entwickelt werden kann, führt oft bei der Vorgabe oder beim Versuch der Auswertung zu bösen und mühsamen Überraschungen. Oft erkennen Personen erst zu diesem Zeitpunkt, dass sie Fragen anders stellen hätten müssen, um auch wirklich zu erkunden, was die Intention war. Ein Satz, der das sehr gut auf den Punkt bringt, sei an dieser Stelle zum Überdenken zitiert:

„Fragen stellen ist nicht schwer, Fragebogen konstruieren sehr!" (Kirchhoff, Kuhnt, Lipp & Schlawin, 2003, S. 19). Deshalb ist eine gut überlegte Konzeption mit Planung hinsichtlich der Auswertung ganz wesentlich und unabdingbar. Die Auswahl der Fragen und deren Gestaltung müssen Hand in Hand mit Auswertungsüberlegungen gehen. Dazu muss als eine der ersten grundsätzlichen Entscheidungen jene getroffen werden, welche Art von Fragen gestellt werden soll. Dabei kann prinzipiell zwischen **geschlossenen** und **offenen Antwortformaten** unterschieden werden, wobei es allerdings in der Praxis auch dazwischenliegende **Mischformen** gibt.

Offene Fragen

Bei **offenen Fragen** haben die Personen die Möglichkeit, etwas selbst Formuliertes als Antwort auf einem dafür vorgesehenen Platz niederzuschreiben.

Nennen Sie Veränderungswünsche hinsichtlich der strukturellen Bedingungen an Ihrer Fakultät.

....

....

....

Einerseits bietet dies den Vorteil für die antwortende Person, dass sie sich nicht an vorgegebene Antwortkategorien halten muss und selbst verbalisieren kann. Andererseits ist gerade diese Möglichkeit oft ein Nachteil für Personen, deren Verbalisierungsvermögen nicht sehr stark ausgeprägt ist und die sich dabei schwer tun. Es kann zu Hemmungen kommen, was die Gefahr birgt, dass Personen einfach das wiedergeben, was sie orthografisch und stilistisch schreiben können, und eventuell wesentliche Dinge weglassen. Diese Form des Antwortformats kann auch Personen aufgrund eingeschränkter motorischer Fähigkeiten benachteiligen, z. B. alte Menschen. Es ist immer, aber speziell bei diesem Format zu beachten, dass es auf die befragte Gruppe abgestimmt ist.

Ein weiterer und nicht unwesentlicher Kritikpunkt zielt auf die Auswertung von offenen Fragen ab. Sie kann sich als eher schwierig und zeitaufwendig gestalten, da die Antworten erst zur Zusammenfassung der Ergebnisse systematisiert und kategorisiert werden müssen. Auffällig ist auch, dass bei offenen Fragen sehr häufig gar keine Antworten gegeben werden. Dies kann vielerlei Gründe haben, es wurden ja bereits einige erwähnt. Zusätzlich ist sicherlich die motivationale Komponente nicht zu vernachlässigen. Zum Großteil sind Personen eher bereit, vorgefertigte Kategorien zu beantworten, als selbst zu verbalisieren und sich Gedanken zu machen.

Zudem ergibt sich auch oft das Problem der Lesbarkeit von Handschriften, was bei der Auswertung sehr zeitaufwendig werden kann.

Geschlossene Fragen

Bei **geschlossenen Fragen** werden durch Ankreuzen (oder Reihung durch Einfügen von Ziffern) vorgegebener Kategorien Antworten gegeben.

Beispiel: Sind Sie mit dem Angebot XY in der Grundausbildung RZ zufrieden?

○	○	○	○
ja	eher ja	eher nein	nein

Abb. 4.2: Beispiel für eine vierstufige Ratingskala mit verbaler Skalenbezeichnung

Zur Abstufung der Antwortformate und deren genauer Erklärung kommen wir noch in Kapitel 4.4.4.

Mischformen

Unter **Mischformen** sind Fragen zu verstehen, die vorgegebene Antwortkategorien haben, aber zusätzlich eine offene Kategorie enthalten.

Beispiel aus dem Übungsfragebogen – beachten Sie bitte A1.6:
A1: Was hat Sie bewogen, das Studium der Ernährungswissenschaften zu wählen?

A1.1	Allgemeines Interesse an Ernährungsthemen		A1.4	Interesse am Umgang mit Menschen	
A1.2	Gute Berufsaussichten nach dem Studium		A1.5	Persönliche Probleme mit der Ernährung	
A1.3	Interesse an Naturwissenschaften		A1.6	Anderes, und zwar: _____	

Abb. 4.3: Beispiel für eine Mischform mit vorgegebenen Kategorien und einer offenen Kategorie

Diese Form ist aufgrund der Erfahrung bei komplexen Konstrukten durchaus empfehlenswert, da in der Vorerhebung mögliche Antwortalternativen übersehen werden. Meist beschäftigt man sich mit sehr komplexen Themen, deren inhaltliche Abdeckung durch die Antwortkategorien nicht immer möglich ist.

4.4.2 Einleitung, Instruktion und Anrede

Die Einleitung eines Fragebogens ist für die Motivation zur Bearbeitung nicht unwesentlich. Sie kann z. B. im positiven Fall Interesse hervorrufen oder im negativen durch ihre Länge schon abschrecken. Versetzen Sie sich einfach in die Lage einer Person, die Ihren entwickelten Fragebogen ausfüllen soll.

Es sollten mindestens folgende Inhalte kurz dargestellt werden:
1. Eine klare und kurze Darstellung der Person und eventuell der Einrichtung, für die die Erhebung durchgeführt wird.

2. Die grobe Darstellung der Fragestellung und eine Erklärung über die Weiterverwendung der gewonnenen Daten, z.B., wenn die Daten im Rahmen einer Diplomarbeit erhoben werden.
3. Die Bitte um vollständiges Ausfüllen der Fragen und der Hinweis, dass jede Beantwortung sehr wichtig ist.
4. Eine Bitte um aufrichtige und rasche Beantwortung der Items mit dem Hinweis, dass es weder richtige noch falsche Antworten gibt (bei Leistungstests wäre das anders).
5. Eine Zusicherung der Anonymität, falls diese auch wirklich gewährleistet werden kann.
6. Ein Dank für die Bearbeitung des Fragebogens.

> Die Instruktion, also die Erklärungen zur Bearbeitung der einzelnen Fragebogenitems, ist ein sehr wesentlicher Punkt, der bestens überlegt werden muss, da es bei Missverständnissen zum Bearbeitungsabbruch oder zu fehlenden, mangelhaften Antworten kommen kann.

Bei bestehender Klarheit über die Vorgangsweise, z.B. Ja-Nein-Antworten, kann diese im Einleitungstext erläutert werden. Eine gesonderte Instruktion kann erforderlich werden, wenn die Datengewinnung nicht nur mittels Ankreuz-Verfahren erfolgen soll. Hier muss den Befragten eine genaue Darstellung der Antwortformate mit dazugehöriger Erklärung angeboten werden. Ein weiterer Fall wären auch Verzweigungen, die direkt im Text angegeben werden, z.B.: „Gehen Sie bei ‚nein' bei Frage XX weiter."

Die Instruktion sollte jedoch klar, kurz und bündig, aber nicht zu knapp sein. Dies stellt eine gewisse Kunst dar!

Diese sollte auf die befragte Gruppe abgestimmt sein. Jugendliche und Kinder sollten besser mit „du" angesprochen werden, Erwachsene mit „Sie".

Es ist wichtig, bei einer einmal gewählten Anrede zu bleiben. Das inkludiert auch, dass Fragen entweder als echte Fragen formuliert werden („Meinen Sie, dass ...?") oder als Zustimmungsaussagen („Ich meine, dass ...") und nicht abwechselnd. Dadurch kommt es zu einer Erleichterung der Bearbeitung durch die Befragten.

4.4.3   Richtlinien zur Formulierung der Items

Folgende Richtlinien zur Formulierung der Items sind empfehlenswert. Sie beziehen sich nicht nur auf die Formulierung an sich, sondern auch auf den formalen Rahmen. Die Aufzählung enthält die wesentlichsten Aspekte nach Bortz et al (vgl. 2003, S. 255 f.):

▌ Items mit Antwortkategorien sind bei schriftlichen Befragungen der offenen Frageform vorzuziehen. Dies erleichtert die Auswertung und erhöht die Objektivität (vgl. dazu Kapitel 4.4.1). Die Vor- bzw. Nachteile wurden ebenfalls bereits im Kapitel 4.4.1 näher erörtert und werden deshalb an dieser Stelle nicht nochmals dargestellt.

▮ Bei den Formulierungen muss immer überlegt werden, an wen sich das Instrument richtet (z. B. Kinder, ältere Menschen, Personen mit sprachlichen Einschränkungen oder verminderter Lesefähigkeit). Dazu gehört, dass die Sprache auf die Zielgruppe abgestimmt sein muss. Speziell bei Kindern muss sie einfach sein. Zusätzlich könnte zur Unterstützung auch noch ein ansprechendes Antwortformat mit grafischer Unterstützung angeboten werden, z. B. Smileys.

▮ Formale Bedingungen beachten! Der Fragebogen soll ein ansprechendes Layout haben. Abstände zwischen den Zeilen sind relevant. Nicht zu viel Text sollte auf einer Seite sein, das schreckt ab. Er soll eher ein aufgelockertes Bild vermitteln.

▮ Der erste Blick lädt oft zum Bearbeiten ein oder schreckt schon durch zu viel Text ab.

▮ Die Gesamtlänge muss zumutbar sein! Unterschiede bei den Zielgruppen sind zu beachten! Die Bearbeitungszeit hängt natürlich von mehreren Komponenten ab, z. B. der Relevanz der Fragestellung und/oder der Motivation der Versuchspersonen.

▮ Erwartet sich eine Person eine positive Veränderung durch die Abgabe ihrer Meinung, so wird sie eher bereit sein, auch Zeit für die Bearbeitung zu investieren. Muss eine Person jedoch etwas bearbeiten, obwohl es ihr widerstrebt, so wird sich ihre Motivation wahrscheinlich in Grenzen halten.

▮ Die vorgegebenen Items sollten kurz und prägnant sein, allerdings nicht auf Kosten der Qualität.

▮ Auf die sinnvolle Abfolge der Fragen sollten Sie achten. Verfolgen Sie einen thematischen roten Faden!

▮ Zu Beginn sind sogenannte Eisbrecher bzw. Aufwärmfragen empfehlenswert, die das Thema einleiten und Interesse wecken sollen.

▮ Suggestive, stereotype oder stigmatisierende Formulierungen von Items sollten vermieden werden.

▮ Generell sollten Sie auf die Bedeutungsgehalte von Begriffen achten. Das betrifft etwa die Übernahme von alltagssprachlichen Ausdrücken. Sie könnten als stigmatisierend empfunden werden.

▮ Items, die praktisch von allen UntersuchungsteilnehmerInnen bejaht oder verneint werden, sind ungeeignet. Sie tragen wenig zur Differenzierung bei.

▮ Formulierungen wie „immer", „alle", „keiner", „niemals" sollten vermieden werden, da sie von den UntersuchungsteilnehmerInnen als unrealistisch angesehen werden.

▮ Quantifizierende Umschreibungen von Begriffen wie „fast", „kaum" sind im Besonderen in der Kombination mit Rangordnungen problematisch. Sie sind für eine konkrete Quantifizierung, die sie vortäuschen, zu unpräzise.

▮ Problematisch sind auch Items, die ein gutes Erinnerungsvermögen der Befragten voraussetzen – das würde vielleicht einige Personen irritieren, die sich abgeprüft vorkommen könnten.

▮ Es muss vermieden werden, mehrere Sachverhalte in ein Item zu „verpacken", z. B.: „Stimmen Sie einer Erhöhung des Tempolimits auf Autobahnen auf 160 km/h grundsätzlich zu oder sollte eine Erhöhung nur unter bestimmten Bedingungen möglich sein?" Eine eindeutige Zuordnung der gegebenen Antwort ist so nicht mehr möglich.

▮ Für die Ermittlung von Einstellungen sind Formulierungen von Items ungeeignet, mit denen wahre Sachverhalte dargestellt werden, z. B.: „Eine schlechte berufliche Qualifikation erhöht das Risiko für Erkrankungen." Die Zustimmung zu diesem Item würde keine Meinung, sondern Fachwissen über die Zusammenhänge signalisieren.

4.4.4 Antwortformate

Man unterscheidet grundsätzlich, wie bereits erwähnt, das freie (oder offene) vom gebundenen (geschlossenen) Antwortformat. Im folgenden Kapitel soll nun im Detail auf sie eingegangen werden, um bei der Konstruktion eines Fragebogens eine Auswahl treffen zu können.

1. Freies (offenes) Antwortformat

In einem freien Antwortformat wird die Item-Antwort von der getesteten Person selbst in einem allgemein verständlichen Zeichensystem formuliert, wie z. B. in der Sprache, in Form von Zahlen, in Bildern, in Gesten oder in Lauten" (Rost, 2004, S. 59).

Der übliche Fall von freier Beantwortung besteht in der kurzen schriftlichen Antwort auf dem Testformular. Die registrierten Antworten werden vom Testleiter in ein vorgegebenes Kategoriesystem eingeordnet. Diesen Vorgang nennt man Signierung.

Das freie Antwortformat ist zur Erfassung spontaner Reaktionen, bei Assoziationsaufgaben, zur Erfassung kreativer Leistungen und auch bei sogenannten projektiven Verfahren sinnvoll.

Freie Antwortformate lassen sich in drei Arten unterteilen:
- **Außer der Angabe des Mediums wird so gut wie keine weitere Vorgabe gemacht,** z. B. bekommt ein Kind ein weißes Blatt Papier, mit der Aufforderung, die Mitglieder seiner Familie als Tier zu zeichnen („Familie in Tiere"-Test).
- Eine **formale Vorgabe für die Produktion des Verhaltens** wird gegeben, z. B. wird eine Person aufgefordert, genau drei Dinge zu nennen oder so viele Antworten wie möglich zu geben und dies so schnell wie möglich zu tun.
- **Lückenvorgabe**, z. B. wird einer Person ein unvollständiger Satz (oder ein Bild) präsentiert, den sie ergänzen soll.

Einschränkende Vorgaben bei freien Formaten haben den Vorteil, dass sich die Antworten leichter „signieren" lassen und die Testperson eher weiß, was bei der Testung von ihr verlangt wird. Der große Nachteil dabei ist natürlich, dass die freie Produktion von Antworten gestört wird.

2. Gebundenes Antwortformat

Es gibt eine Vielzahl solcher Formate, welche von einfachen dichotomen Antwortformaten (z. B. „stimmt" versus „stimmt nicht", „richtig" versus „falsch") über Ratingskalen mit mehreren Auswahlkategorien, die verbal oder grafisch dargestellt sein können, bis zu kontinuierlichen Antwortformaten reichen.

Sie bieten den Befragten eine Auswahl an Möglichkeiten an, die allerdings einen eingeschränkten, vorher festgelegten Bereich umfassen. Man nennt sie **gebundene Antwortformate**. Der Vorgang der Signierung entfällt bei diesem Format, was eine Erleichterung darstellt (vgl. ebd.).

3. Das dichtotome Antwortformat

Dieses häufig verwendete Antwortformat bei Fragebogen stellt die Person vor die Entscheidung, auf eine gestellte Frage mit „richtig" oder „falsch" bzw. „ja" oder „nein" bzw. „stimmt" oder „stimmt nicht" zu antworten. Es liegen also zwei Ausprägungen für die Beantwortung vor.

Die befragte Person wird vor eine konkrete Entscheidung gestellt und diese wird in gewisser Weise auch erzwungen, deshalb wird in diesem Zusammenhang auch von Forced-Choice gesprochen.

Die wesentlichen Vorteile dieses Formats sind seine kurze Bearbeitungszeit und die Einfachheit der Anweisung und Auswertung, die verrechnungssicher und zeitökonomisch durchgeführt werden kann.

Ein Nachteil besteht darin, dass es für die befragte Person nicht immer leicht ist, sich zwischen zwei Alternativen zu entscheiden. Karner (1993) zeigte in einer Untersuchung, dass Personen, die sich zwischen zwei Alternativen entscheiden müssen und keine Abstufungen treffen können, obwohl sie das wollen, auf diese „Freiheitsbeschränkung" willkürlich und unter Umständen ihren echten Eigenschaften zuwider laufend antworten. Dieses Phänomen ist in der Sozialpsychologie unter Reaktanz bekannt. Weitere Untersuchungen zur Bestätigung dieser Ergebnisse von Raab-Steiner (2000) blieben erfolglos. Ein weiterer Nachteil dieses Formats stellt die geringe Variabilität der Antwortmuster dar. Daraus ergibt sich eine geringe Varianz der Rohwerte. Amelang und Bartussek (vgl. 2001) raten, für Korrelationsrechnungen mehrkategorielle Skalen zu verwenden.

4. Ratingskalen (mehrkategorielles Antwortformat)

> Als **Ratingskalen** bezeichnet man Skalen, bei denen die befragten Personen die Möglichkeit haben, mehr als zwei abgestufte Antwortkategorien zur Beantwortung heranzuziehen, was mit einem Informationsgewinn einhergeht.

Ausgehend davon, dass die Antwortkategorien für die Person eine Rangordnung darstellen, kann sie sich zwischen den Alternativen entscheiden. Die Kategorien sind itemunspezifisch formuliert, d. h. die Benennung der Antwortkategorien gilt für mehrere oder alle Items eines Fragebogens (vgl. ebd., S. 64). Es handelt sich in diesem Fall um eine sogenannte Likert-Skala. Mithilfe dieser Skalen (Ratingskala) können Fremd- bzw. Selbstbeurteilungen vorgenommen werden.

Ein illustrierendes Beispiel ist das Item 3.1 aus dem Fragebogen zu Wissens- und Kompetenzprofilen von SozialarbeiterInnen (vgl. Mayrhofer & Raab-Steiner, 2006):

Kompetenzen für die direkte Arbeit mit KlientInnen: Bewerten Sie bitte folgende Kompetenzen danach, wie wichtig diese in Ihrem Berufsalltag sind.				
	sehr wichtig	**eher wichtig**	**weniger wichtig**	**un-wichtig**
Reflektierte Gestaltung von Beziehungen	☐	☐	☐	☐
Erfassen von komplexen Fallzusammenhängen	☐	☐	☐	☐
Bearbeiten von Multiproblemlagen	☐	☐	☐	☐
Situatives und klientenbezogenes Anpassen des Vorgehens	☐	☐	☐	☐

Abb. 4.4: Beispiel für eine vierstufige Ratingskala mit verbaler Skalenbezeichnung

Gehen wir nun im Detail auf Ratingskalen ein. Sie können nach verschiedenen Gesichtspunkten unterschieden werden:

a) Unipolar versus bipolar

Ausgehend von einem Nullpunkt, verläuft eine *unipolare Skala* in eine Richtung, z. B. in Richtung einer starken Ablehnung.

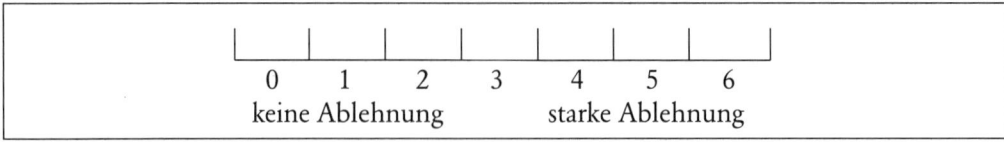

Abb. 4.5: Unipolare Ratingskala

Im Gegensatz dazu gehen die Kategorien einer *bipolaren Ratingskala* von einem negativen Pol (z. B. starke Ablehnung) über einen fiktiven oder vorgegebenen Nullpunkt (als Mittelkategorie) bis hin zu einem positiven Pol.

Bipolare Ratingskalen sind meist symmetrisch, d. h., sie haben die gleiche Anzahl von Kategorien auf jeder Seite.

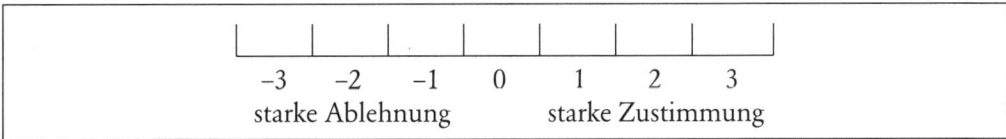

Abb. 4.6: Bipolare Ratingskala

b) Anzahl der Abstufungen

Ratingskalen lassen sich weiters danach unterscheiden, wie differenziert sie das abgestufte Urteil erfassen können, d. h., wie viele Abstufungen vorhanden sind (vgl. ebd., S. 66).

Mit steigender Anzahl der Abstufungen wird die Differenzierungsfähigkeit der Testperson stärker gefordert. In der Literatur wird oft die Annahme vertreten, dass manche Personen mit dem Problem der „Qual der Wahl" zu kämpfen haben. Die derzeitig vertretene Lehrmeinung geht von einer maximalen Abstufung von 5–7 Kategorien aus, da es dabei zu keiner Überforderung der Testperson kommt.

Bei der Auswahl der Anzahl der Kategorien einer Ratingskala spielt auch die Vermeidung von Antworttendenzen oder Response-Sets eine Rolle. Ein Zusammenhang zwischen der Anzahl der Abstufungen und diesen Beeinflussungsmöglichkeiten besteht insofern, als sich z. B. bei vier Antwortstufen eine Tendenz zum extremen Urteil weniger bemerkbar macht als bei sieben Stufen.

c) Ungerade versus gerade Anzahl der Abstufungen

Es lassen sich Skalen mit **ungerader Anzahl** der Abstufungen (Mittelkategorie-neutrale Kategorie) von solchen mit **gerader Anzahl** (Forced-Choice) unterscheiden.

Untersuchungen haben gezeigt, dass die Verwendung von Mittelkategorien einen ungünstigen Einfluss auf den Informationsgehalt eines Fragebogens haben kann.

Die Personen verwenden diese neutrale Kategorie nicht nur als Ausdruck einer mittleren Position zwischen zwei Polen, sondern auch für unpassende Items oder zur Antwortverweigerung. Andererseits kommt es bei motivierten Testpersonen oft zu einer Vermeidung der Mittelkategorie, was sich ebenfalls auf die Qualität der Messung auswirkt (vgl. Rost, S. 67).

d) Art der Etikettierung

Die Benennung der einzelnen Kategorien kann mithilfe von Zahlen, verbaler Etikettierung oder grafisch erfolgen.

Eine Benennung mit Zahlen nennt man **numerische Skalenbezeichnung**:

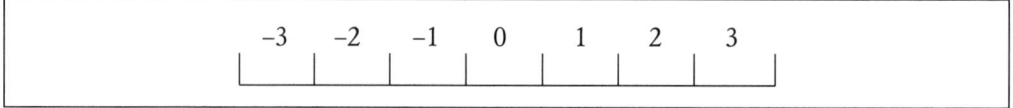

Abb. 4.7: Beispiel für eine siebenstufige Ratingskala mit numerischer Skalenbezeichnung

Diese Skalenbezeichnung wird oft verwendet, um sie wie eine Intervallskala nutzen zu können. Das kann aber nicht grundsätzlich vorausgesetzt werden, da der Abstand zwischen aufeinanderfolgenden Zahlen für die Personen unterschiedlich sein kann (vgl. ebd.).

Der Vorteil dieser Skalenbezeichnung liegt darin, dass durch das Weglassen einer Verbalisierung der Skalenstufen Missverständnisse für verschiedene Testpersonen vermieden werden können.

Eine Benennung mit Worten (verbale Etikettierung) nennt man **verbale Skalenbezeichnung**:

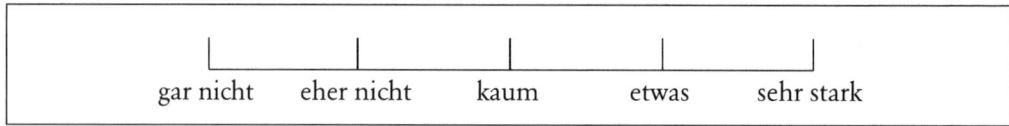

Abb. 4.8: Beispiel für eine fünfstufige Ratingskala mit verbaler Skalenbezeichnung

Diese Methode der Antwortgestaltung findet häufige Verwendung. Mögliche Schwierigkeiten ergeben sich dadurch, dass Beschreibungen gefunden werden müssen, welche eindeutig eine Rangordnung bilden, die einer Abstufung mit gleichen Abständen (äquidistant) entspricht.

Rohrmann (1978) zeigt, dass folgende verbale Charakterisierungen der einzelnen Abstufungen im Wesentlichen als äquidistant angesehen werden können:
- **Häufigkeit:** „nie – selten – gelegentlich – oft – immer"
- **Intensität:** „gar nicht – kaum – mittelmäßig – ziemlich – außerordentlich"
- **Wahrscheinlichkeit:** „keinesfalls – wahrscheinlich nicht – vielleicht – ziemlich wahrscheinlich – ganz sicher"
- **Bewertung:** „völlig falsch – ziemlich falsch – unentschieden – ziemlich richtig – völlig richtig"

Der Vorteil liegt darin, dass die Bedeutung der Antwortstufen durch eine sprachliche Beschreibung für die Personen intersubjektiv vereinheitlicht wird.

Durch die Kombination beider Methoden erwartet man sich entsprechend mehr Vorteile.

Ratings können auch noch **symbolisch** dargestellt und benannt werden, was bei längeren Listen von Fragen als auflockernd empfunden werden kann. Jeder kennt die Smileys, die besonders Kinder sehr gut ansprechen.

e) Kontinuierliches Antwortformat (Analogskala)

Neben den Ratingskalen und dem dichotomen Antwortformat gibt es noch das **Kontinuierliche Antwortformat (Analogskala).** Es bietet der Person die Möglichkeit, auf einem Kontinuum zu antworten.

Diese Skalen können freie Beurteilungen zwischen zwei Begriffen oder Aussagen (Abb. 4.9) erlauben oder mit Erklärungen verbunden sein (Abb. 4.10). Es kann auch eine unipolare Skala dargestellt werden.

Ein grundsätzliches Problem in der Verwendung dieses Antwortformats liegt allerdings darin, dass Personen, je mehr sie eine Seite bevorzugen, desto eher ihre Markierungen in diese Richtung lenken.

Ein illustrierendes Beispiel aus der Praxis ist der Fragebogen zu Wissens- und Kompetenzprofilen von SozialarbeiterInnen (Mayrhofer und Raab-Steiner, 2006):

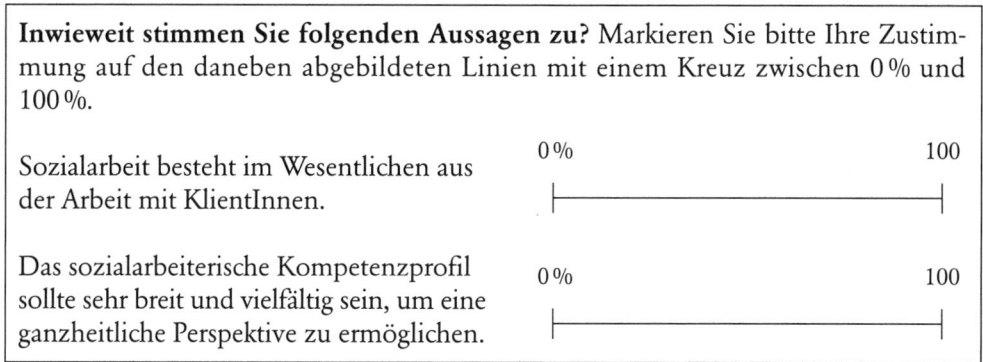

Inwieweit stimmen Sie folgenden Aussagen zu? Markieren Sie bitte Ihre Zustimmung auf den daneben abgebildeten Linien mit einem Kreuz zwischen 0 % und 100 %.

Sozialarbeit besteht im Wesentlichen aus der Arbeit mit KlientInnen.

Das sozialarbeiterische Kompetenzprofil sollte sehr breit und vielfältig sein, um eine ganzheitliche Perspektive zu ermöglichen.

Abb. 4.9: Analogskala mit freier Beurteilung

Ein anderes Beispiel

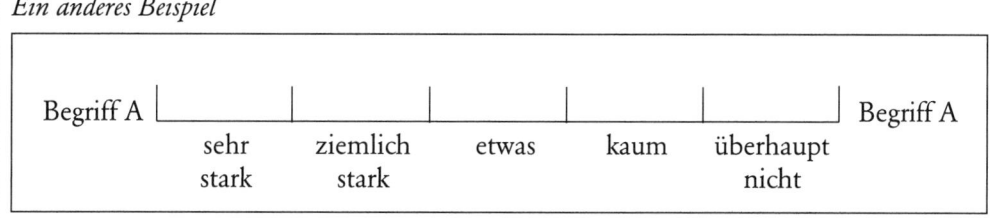

Abb. 4.10: Analogskala mit verbaler Beurteilung

Die Analogskala (kontinuierliche Antwortskala) bietet der Testperson die größtmögliche Entscheidungsfreiheit. Allerdings setzt sie auch voraus, dass die Testperson in der Lage ist, entsprechend zu differenzieren. Das Problem der „Qual der Wahl", welches Kubinger (1995) beschrieben hat und das bei den Ratingskalen schon erwähnt wurde, tritt verstärkt auf.

f) Q-Sort-Methodik

Die **Q-Sort-Methodik** ist nicht weit verbreitet, soll aber an dieser Stelle aus Gründen der Vollständigkeit Erwähnung finden. Diese Methode unterliegt folgendem Prinzip: Selbstbeschreibende Items (Q-Daten) werden aus Gründen der besseren Manipulierbarkeit auf Kärtchen geschrieben. Die Testperson hat die Aufgabe, diese Kärtchen in eine festgelegte Anzahl von Kategorien zu sortieren. Diese Kategorien umfassen ein Kontinuum mit den Polen „Aussagen, die überhaupt nicht zutreffen" bis „Aussagen, die genau zutreffend sind". Die dazwischenliegenden Abstufungen sind unterschiedlich. Untersuchungen haben gezeigt, dass die Verwendung von neun Kategorien am reliabelsten und trennschärfsten ist. Der Testperson wird zusätzlich eine bestimmte Häufigkeitsverteilung der Antworten über die Kategorien vorgegeben. Mehrere Sortierungen unter verschiedenen Gesichtspunkten sind möglich.

Die Vorteile der Q-Sort-Methodik gegenüber Fragebogen sind:
- Unerwünschte Antworttendenzen, wie z. B. die Tendenz, „ja" zu sagen, oder Extremscheueffekte, können reduziert werden.
- Die Vergleichbarkeit mehrerer Sortierungen wird ermöglicht, z. B. der Vergleich von Persönlichkeitsbeschreibungen unterschiedlicher DiagnostikerInnen über eine Testperson oder über verschiedene Krankheitsbilder.
- Sie bietet die Möglichkeit der übersichtlichen und zugleich differenzierten Persönlichkeitsbeschreibung.
- Für die Testpersonen ergeben sich Vorteile für den Beantwortungsvorgang. Z. B. besteht die Möglichkeit, das Urteil zu korrigieren, Antworten können entsprechend der inneren Differenziertheit zum Ausdruck gebracht werden. Dadurch entsteht bei diesen Antworten ein höherer Informationsgehalt als bei Ja-Nein-Beurteilungen.
- Im Gegensatz zu Fragebogen, die zur Diagnostik konstanter Eigenschaften konstruiert worden sind, bietet sie einen Ansatz zur Messung psychotherapieinduzierter Persönlichkeitsveränderungen.

Nachteile der Methodik sind:
- Es besteht die Möglichkeit der bewussten Verfälschung.
- Es kann zu einer Überforderung niedrig intelligenter Testpersonen durch die notwendigen Urteilsprozesse kommen.

4.5 Pretest

Nach der erfolgreichen Konstruktion eines Fragebogens muss vor der Anwendung in einem Vortest seine Brauchbarkeit und Qualität anhand einer kleinen (aber ausreichend großen) Stichprobe untersucht werden.

Oft wird darauf verzichtet, was bei der Auswertung oder vorher schon beim Ausfüllen des Fragebogens zu negativen Überraschungen führen kann.

Es scheint wirklich unerlässlich, einen Probedurchlauf zur Überprüfung der Bearbeitungsdauer und der Verständlichkeit des Inhalts zu machen.

Ein sehr hilfreicher Ansatz ist es, Personen unter der Instruktion des „Lauten Denkens" zur Bearbeitung des Fragebogens zu motivieren. Dabei setzt man sich neben die Testperson und bittet sie, all jene Dinge, die ihr bei der Bearbeitung einfallen, zu verbalisieren. Diese werden kurz protokolliert.

Nach dem **Pretest** sollte der Fragebogen nach folgenden Aspekten betrachtet werden:
- Verständlichkeit der Fragen; oft ergeben sich Unklarheiten in Begriffen oder Fragestellungen.
- Sind alle Antworten in den vorgesehenen Antwortkategorien eindeutig zuordenbar?
- Ist das Layout übersichtlich und ansprechend?
- Ist der Fragebogen insgesamt zu lange und wirkt er dadurch ermüdend?
- Ist bei offenen Fragen genügend Platz zur Beantwortung vorgesehen?
- Wird man bei der Beantwortung der Fragen in eine bestimmte Richtung gedrängt?
- Ist bei (unvermeidlichen) Verzweigungen klar, wo es weitergeht?
- Wie lange war die Dauer der Bearbeitung?
- Ist der Fragebogen sprachlich auf die Zielgruppe abgestimmt?
- Kann ich mit den vorliegenden Fragen meine Hypothesen beantworten?
- Entsprechen die Antwortformate bei den Items meinen Vorstellungen hinsichtlich der Auswertung? Wenn z. B. eine Frage nur mit „ja" und „nein" vorgegeben wird, kann dies in Prozenten ausgewiesen werden oder es kann ein Diagramm mit zwei Balken dargestellt werden.

Anregungen aus dem Pretest müssen unbedingt eingearbeitet werden. Es ist also wirklich erforderlich, für die Zeit der Überarbeitung von vornherein zeitliche Ressourcen einzukalkulieren.

4.6   Negative Antworttendenzen

Tendenzen der Verfälschbarkeit müssen bei Konstruktion, Auswertung und Interpretation der Ergebnisse immer im Auge behalten werden. Dies gilt nicht nur für klassische psychologische Verfahren, sondern auch für die Erfassung von Meinungen, Einstellungen und Positionen zu Themen und Sachverhalten. Man unterscheidet verschiedene Tendenzen:

4.6.1 Absichtliche Verstellung

Fragebogen, und hier sind nicht nur klassische Persönlichkeitsfragebogen gemeint, sind sensitiv gegenüber einer **absichtlichen Verfälschung** in jede beliebige Richtung („Faking Good" versus „Faking Bad"). Darin liegen ja auch ihre vieldiskutierten Hauptkritikpunkte (detaillierte Ausführungen dazu gibt z. B. Mummendey, 2003).

Absichtliche Verstellung ist in der Psychologie, speziell in der psychologischen Diagnostik, die sich mit den Grundlagen der Test- bzw. Fragebogenkonstruktion beschäftigt, seit Anbeginn der Konstruktion von Persönlichkeitsverfahren bekannt und die Versuche, Verfälschungen zu reduzieren, sind vielfältig und zahlreich. Neuere Studien von Benesch (2003) und Raab-Steiner (2005) konnten wieder einmal belegen, dass in Abhängigkeit von zu erwartenden Konsequenzen absichtliche Verfälschungen bei der Beantwortung von Persönlichkeitsfragebogen tatsächlich geschehen. Dies sollte eigentlich dazu führen, dass sie in gewissen Situationen (z. B. Auswahlverfahren für Ausbildungen oder Arbeitsstelle) gar keine Verwendung finden. Meist fällt den Testpersonen die Übernahme verschiedener Rollen nicht schwer. Sie können sich gut in die von ihnen geforderte Lage hineinversetzen und mit diesem Bild einen Test bzw. Fragebogen bearbeiten.

4.6.2 Soziale Erwünschtheit (Social Desirability)

Unter **sozialer Erwünschtheit** versteht man die Tendenz der Versuchspersonen, die Items eines Fragebogens in die Richtung zu beantworten, die ihrer Meinung nach den sozialen Normen entspricht.

Diese Strategie der Beantwortung kann als Sonderform der Selbstdarstellung angesehen werden. Die Furcht vor sozialer Verurteilung motiviert Personen zu konformem Verhalten und zur Orientierung ihrer Verhaltensäußerungen an verbreiteten Normen und Erwartungen (vgl. Bortz et al., 2002, S. 233). Soziale Erwünschtheit wird nach Bortz et al. (ebd., S. 230) als „eine Darstellungsweise definiert, durch die eine Testperson versucht, positives Verhalten, besonders günstige Eigenschaften oder Merkmale in den Vordergrund zu stellen und gleichzeitig unerwünschtes Verhalten, Eigenschaften oder Merkmale zu verbergen."

Die empirische Ermittlung der Verfälschung eines Verfahrens kann relativ einfach bewerkstelligt werden, nämlich durch die Aufforderung einer Gruppe von Testpersonen zum „Faking Good". Im Vergleich dazu wird den Testpersonen zuerst das Verfahren unter „normaler" Instruktion vorgegeben. Der Vergleich der Mittelwerte der Gruppen müsste eindeutig und in der Gruppe „Faking Good" bei positiven Eigenschaften höher und bei negativen Eigenschaften niedriger sein. Die individuelle Graduierung der Verfälschbarkeit durch eine Person kann allerdings nicht quantifiziert werden.

Als problematisch beim Konzept der „sozialen Erwünschtheit" muss zusätzlich angesehen werden, dass es keinerlei Konsens drüber gibt, was erstrebenswerte Eigenschaften eigentlich sind. Es gibt keine allgemein gültigen Normen dazu. Sie verändern sich in Abhängigkeit zur Bezugsgruppe und bedingt durch die Situation.

Es wurden zwar Techniken zu ihrer Reduktion entwickelt, sie können aber nicht als Lösung des Problems angesehen werden. Versuche sind ausbalancierte Antwortvorgaben, Aufforderung zu korrektem Testverhalten mit der Random-Response-Technik durch die Konstruktion von objektiven Testverfahren und mit sogenannten Kontrollskalen wie beim MMPI (vgl. ebd. , S. 233 f.), wobei diese ebenfalls wieder verfälschbar sind.

Ein Weg, den Einfluss der sozialen Erwünschtheit auf die Itembeantwortung zu reduzieren, liegt in der Verwendung von „Forced-choice-Items". Bei dieser Art von Items werden den Testpersonen verschiedene Aussagen vorgegeben. Sie müssen sich für mindestens eine Aussage entscheiden. Allerdings ist das Antwortformat ebenfalls nicht unumstritten, vielfache Studien, u. a. von Raab-Steiner (2005), konnten keine Reduktion der Verfälschung durch dieses Antwortformat erkennen lassen. Ein weiterer Kritikpunkt legt z.B. die Annahme nahe, dass die vorgefertigten globalen Aussagen auf einzelne Testpersonen immer mehr oder weniger zutreffen werden, was bei der Itembeantwortung nicht miterfasst wird. Die am ehesten zutreffenden Aussagen können also hinsichtlich des Genauigkeitsgrades der Beschreibung einer Person stark variieren und so zu relativ ungenauen Beschreibungen führen (vgl. Bühner, 2004, S. 57)

Amelang und Bartussek (vgl. 2001, S. 171 f.) führen, neben der absichtlichen Verfälschungstendenz und der Tendenz, „sozial erwünscht" zu antworten, folgende weitere Fehlerfaktoren an:

4.6.3 Akquieszenz oder „Ja-Sage-Bereitschaft"

Die Tendenz, unabhängig vom Inhalt eine Frage eher mit „ja" oder „stimmt" zu beantworten, wird **Akquieszenz** genannt.

Die Bedeutung der Akquieszenz ist nicht sehr groß. Zwei Ansätze, diese Bereitschaft zu erfassen, sind die Spiegelung von Item-Formulierungen und die Verwendung schwieriger Sachfragen.

4.6.4 Bevorzugung von extremen, unbestimmten oder besonders platzierten Antwortkategorien

Es ist auffallend, dass bestimmte Testpersonen für die Beantwortung von Fragen die mittleren Bereiche einer Skala verwenden. Sie meiden den „Außenbereich", also Extremantworten. Man spricht bei diesem Verhalten von der Tendenz zur Mitte. Einerseits kann dieses Phänomen dadurch erklärt werden, dass die Testpersonen nicht viel an Informationen über sich preisgeben wollen. Andererseits kann es auch dann auftreten, wenn der Befragte über das zu Beurteilende nicht genügend Information hat.

4.6.5 Wahl von Antwortmöglichkeiten, die eine bestimmte Länge, Wortfolge oder seriale Position aufweisen

Aufgrund des Primary-Regency-Effekts ist auch die Reihenfolge der Items zu beachten. Es handelt sich bei diesem Effekt um eine Urteilsverzerrung, die sich aufgrund der Position der zu beurteilenden Items ergibt. Bei Items am Testanfang kann durch mangelndes Instruktionsverständnis oder durch den Warming-up-Prozess eine Veränderung in der Beantwortung entstehen. Bei Items am Testende können sich ebenfalls Veränderungen durch Senkung der Testmotivation, Ermüdung oder Abbruch ergeben. Die Beurteilung extremer Merkmalsausprägungen zu Beginn kann auch die Beurteilung nachfolgender Items beeinflussen.

4.6.6 Verfälschung aufgrund der Tendenz zu raten oder aufgrund einer raschen Bearbeitung des Tests

Dieser Verfälschungseffekt, der zu Verzerrungen der Urteile führt, entsteht einerseits dadurch, dass die Person bei einer raschen Bearbeitung des Fragebogens den Sinn der Fragen nicht sinngemäß aufnehmen und somit auch nicht ihrer wahren Einstellung folgend beantworten kann. Sie bearbeitet zwar die Fragen, reflektiert allerdings die gegebenen Antworten nicht und verfälscht damit. Unabhängig davon oder zusätzlich dazu kann die Person andererseits auch aufgrund eines Rateeffekts Antworten in unerwünschte Richtungen drängen.

4.7 Zusammenfassung des Kapitels

Der Fragebogen wird als Forschungsinstrument zur Erfassung von Meinungen, Einstellungen, Positionen zu Themen oder Sachverhalten eingesetzt. Trotz massiver Kritikpunkte an dieser Methode gehört sie zu den am häufigsten eingesetzten in der Sozialforschung. Dies liegt unter anderem auch daran, dass sie eine leicht praktikable und kostengünstige Untersuchungsvariante darstellt, die sich besonders für die Befragung großer homogener Gruppen eignet.

Bevor mit der Konstruktion eines Fragebogens begonnen werden kann, muss eine konkrete Formulierung einer Fragestellung vorliegen. Dazu kann es sehr hilfreich sein, im Team zu arbeiten und grafische Strukturierungshilfen wie z. B. das Mind Mapping einzusetzen.

Aus der erarbeiteten Dimensionalisierung werden erste grobe Fragensammlungen bzw. Hypothesen erarbeitet.

Es ist zusätzlich ratsam, vor dem konkreten Beginn der Konstruktion zu überprüfen, ob es zum bearbeiteten Thema bereits Untersuchungsinstrumente und Erfahrungen gibt, die sich als zweckdienlich herausstellen. Daraus können sich Ideen für einzelne Items bzw. Skalen entwickeln.

Als eine der ersten grundsätzlichen Entscheidungen muss das Antwortformat festgelegt werden. Dabei wird das offene vom geschlossenen Antwortformat unterschieden. Beim offenen Antwortformat haben die befragten Personen die Möglichkeit, etwas selbst Formuliertes als Antwort niederzuschreiben, was bei der Auswertung zu sehr aufwendigen Signierarbeiten führt. Beim geschlossenen Format bezieht die Person durch Ankreuzen einer vorgefertigten Kategorie Position. Es können als Untergruppen das dichotome Antwortformat, Ratingskalen und das kontinuierliche Antwortformat differenziert werden.

Ratingskalen können sehr angepasst eingesetzt werden und unterscheiden sich hinsichtlich verschiedener Gesichtspunkte. Sie können unipolar und bipolar sein, über eine unterschiedliche Anzahl von Abstufungen verfügen, und diese können ungerade oder gerade sein, also mit oder ohne Mittelkategorie. Sie können sich auch hinsichtlich der Art der Etikettierung unterscheiden und durch Zahlen, Worte oder symbolisch benannt werden.

Die Einleitung, Instruktion und Anrede müssen je nach Zielgruppe gestaltet werden. Die Einleitung kann sicherlich sehr viel zur Motivation der Bearbeitung beitragen. Sie kann im günstigen Fall Interesse am Untersuchungsgegenstand hervorrufen oder im ungünstigen Fall durch ihre Länge abschrecken.

Die Instruktion, d. h. die Anleitung zur Itembeantwortung, soll klar und verständlich sein. Eine einmal gewählte Anrede mit „du" oder „Sie" soll beibehalten werden.

Die Richtlinien zur Formulierung von Items sind vielfältig. Exemplarisch seien einige genannt: Die Sprache und Formulierungen müssen auf die Zielgruppe abgestimmt werden. Die Gesamtlänge des Verfahrens muss zumutbar sein. Es empfiehlt sich auch, die vorgegebenen Items kurz und prägnant zu gestalten, allerdings nicht auf Kosten der Qualität. Vorweg muss auch auf die sinnvolle Abfolge der Items geachtet werden. Ein roter Faden muss sich durch den ganzen Fragebogen ziehen. Das Layout soll ansprechend gestaltet sein und zuletzt sei noch erwähnt, dass Formulierungen wie „immer", „alle", „keiner", „niemals", „fast", „kaum" eher vermieden werden sollen, speziell in Kombination mit Ratingskalen.

Die Problematik der negativen Antworttendenzen (Verfälschungstendenzen) muss bei dieser Methode selbstverständlich diskutiert werden. Fragebogen sind sensitiv gegenüber absichtlicher Verfälschung. Den meisten Personen fällt die Übernahme verschiedener Rollen, die von ihnen gefordert werden, nicht schwer.

Eine weitere Tendenz stellt die Bearbeitung in Richtung sozialer Erwünschtheit dar. Darunter versteht man, dass eine Person den Fragebogen gemäß einer sozialen Norm beantwortet. Zusätzliche Verfälschungen sind die Akquieszenz, die Bevorzugung von extremen, unbestimmten oder besonders platzierten Antwortkategorien, die Wahl von Antwortmöglichkeiten, die eine bestimmte Länge, Wortfolge oder seriale Position aufweisen, und die Verfälschung aufgrund der Tendenz zu raten oder aufgrund einer raschen Bearbeitungszeit.

4.8 Übungsbeispiele

Überprüfen Sie Ihr Wissen und versuchen Sie, die fünf Übungsbeispiele zu lösen:

1. Worin liegen die Vor- bzw. Nachteile des offenen Antwortformats?
2. Welche Inhalte sollten in einem Einleitungstext eines Fragebogens erwähnt werden?
3. Nennen Sie fünf Ihnen wichtig erscheinende Punkte zur Formulierung von Items.
4. Was ist eine Ratingskala und nach welchen Gesichtspunkten kann sie unterschieden werden?
5. Welche negativen Antworttendenzen kennen Sie? Beschreiben Sie diese auch kurz.

Die Lösungen zu den Übungsbeispielen finden Sie im Anhang auf Seite 172 f.

5 Computerunterstützte Datenaufbereitung mittels SPSS

Nach der erfolgreichen Konzeption eines Fragebogens unter der Berücksichtigung der Informationen aus den Kapiteln 1–4 kommt es nun im nächsten Schritt zur Datenaufbereitung für die Auswertung. Jedem Item des Fragebogens werden Zahlen zur Verarbeitung zugewiesen. Dieser Vorgang wird auch Kodierung genannt und wir gehen auf ihn im Folgenden noch genauer ein.

Die Zeiten der händischen Verarbeitung von Daten sind glücklicherweise schon lange vorbei und es wurden in den letzten Jahrzehnten sehr leistungsfähige Systeme zur computerunterstützten Datenaufbereitung entwickelt. Wir nehmen in diesem Buch auf eines Bezug, weil es das meisteingesetzte in den Sozialwissenschaften ist: SPSS. Wir möchten hier auch explizit darauf hinweisen, dass eine Darstellung in Excel für uns nicht in Frage gekommen ist, da Excel kein valides Statistikprogramm ist, sondern nur ein Tabellenkalkulationsprogramm mit statistischen Zusatzfunktionen. Es entspricht nicht den wissenschaftlichen Standards.

5.1 Was ist SPSS?

Hinter der Kurzbezeichnung SPSS verbirgt sich einerseits die Bezeichnung für das sicherlich weltweit am meisten verbreitete Programmsystem zur statistischen Analyse von Daten, andererseits steht es aber auch für die in der USA ansässige Softwarefirma, die das Programm herstellt und weiterentwickelt. Diese wurde bereits 1968 an der amerikanischen Stanford Universität von Norman Nie, Delae Bent und Hadlei Hull gegründet. Ihr heutiger Stammsitz ist Chicago. Es gibt ca. sechzig Niederlassungen weltweit. SPSS wird mittlerweile in zwölf verschiedenen Sprachen vertrieben.

Die Abkürzung SPSS stand ursprünglich für „Statistical Package for the Social Sciences". Später wurde daraus „Superior Performing Software System". Die derzeitige Bezeichnung ist „Statistical Product and Service Solutions" und zielt auf die Integration von Statistik und Service (vgl. http://www.spss.com/de/).

Mittlerweile wird der Ausdruck SPSS Inc. für die Firma und SPSS lediglich für das originale Produkt verwendet.

SPSS ist ein leistungsfähiges System zur statistischen Datenanalyse und zum Datenmanagement mit einer grafisch sehr einfach gestalteten Oberfläche. Die Bedienung erfolgt durch einfache und teilweise selbsterklärende Menüs und grafisch sehr übersichtlich gestaltete Dialogfelder. Somit ist eine rasche statistische Analyse bei entsprechendem methodischen Hintergrundwissen möglich. Sie dürfen sich allerdings keine Vorgabe statistischer Methoden durch das Programm erwarten. Sie müssen sich mit den Grundzügen der Statistik auseinandergesetzt haben, um eine erfolgreiche Analyse der Daten zu bewerkstelligen.

5.2   Vom Fragebogen zur SPSS-Datei

Wie wird nun ein ausgefüllter Fragebogen zu einem bearbeitbaren Datenfile, das die Basis für die Auswertung mittels SPSS liefert?

Zu Demonstrationszwecken dient unser Übungsfragebogen „Fragebogen zur Studien- und Lebenssituation bei Studierenden der Ernährungswissenschaften im Jahr 2008", den Sie im Anhang des Buches finden.

Bevor wir aber mit der konkreten Eingabe beginnen, vorweg zur Erleichterung noch einige technische Informationen rund um die Handhabung von SPSS:

5.2.1   Wie rufe ich SPSS auf?

Sie können SPSS im Start-Menü aufrufen. Klicken Sie dazu in der Task-Leiste am unteren Bildschirmrand auf:

Start/Programme/SPSS 16.0 für Windows

Oder Sie öffnen über

Start

und klicken dann auf SPSS 16.0.

Dies sieht folgendermaßen aus:

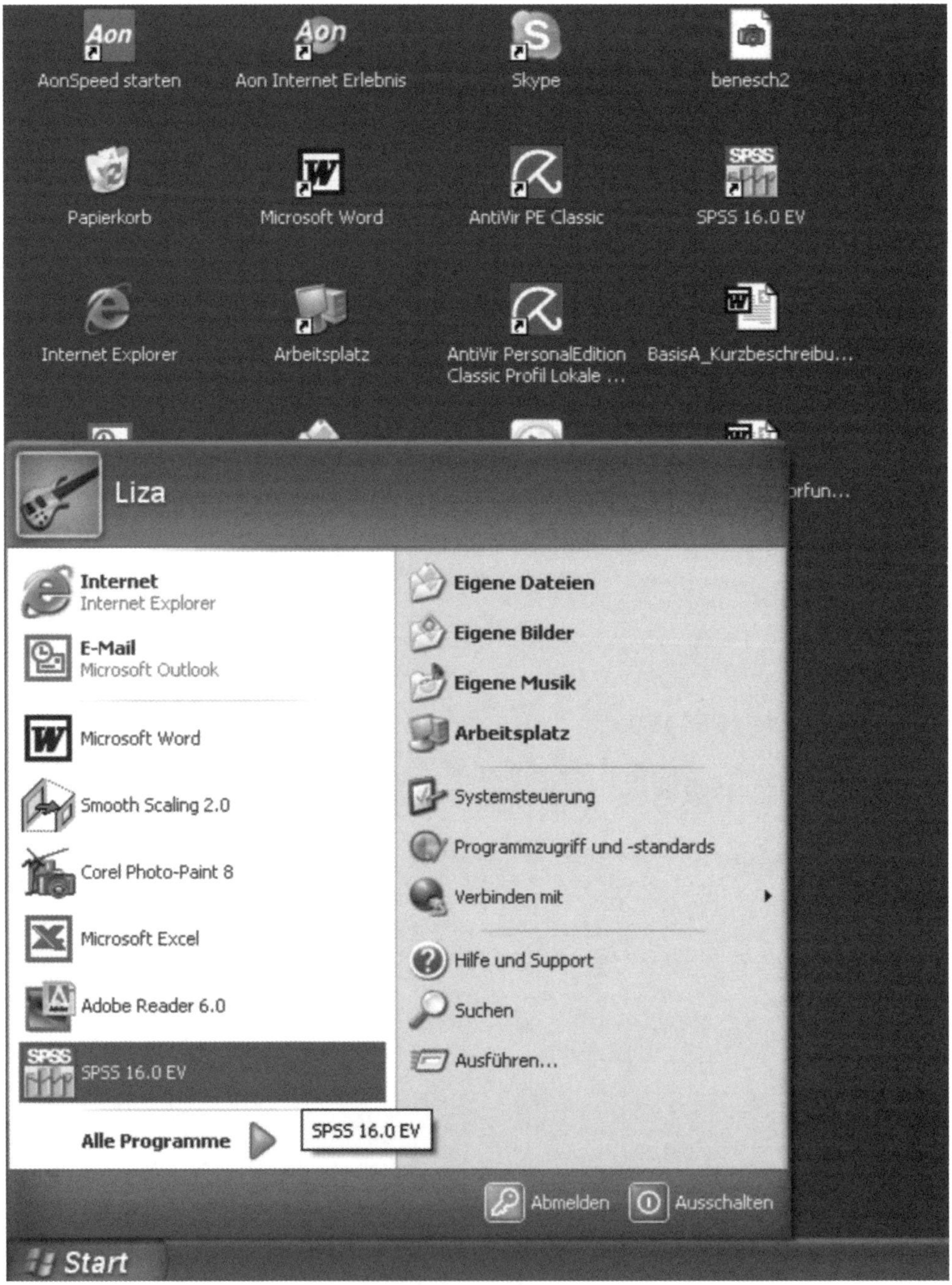

Abb. 5.1: SPSS – Start über Desktop-Icons

Oder Sie haben bereits ein Icon am Desktop. Dann klicken Sie doppelt darauf und SPSS öffnet sich.

Abb. 5.2: SPSS – Start über Desktop-Icon für SPSS 16.0

Es erscheint danach ein Begrüßungsfenster. Klicken Sie einfach auf *Abbrechen*, um zum leeren Daten-Editor (leere Datenmatrix) zu kommen. Er ist ein Spreadsheet-ähnliches Arbeitsmittel, das allerdings nur auf den ersten Blick wie ein „anderes Excel" aussieht (Abb. 5.3). Die gesammelten Daten sollen in dieser großen Rechtecksmatrix abgespeichert werden.

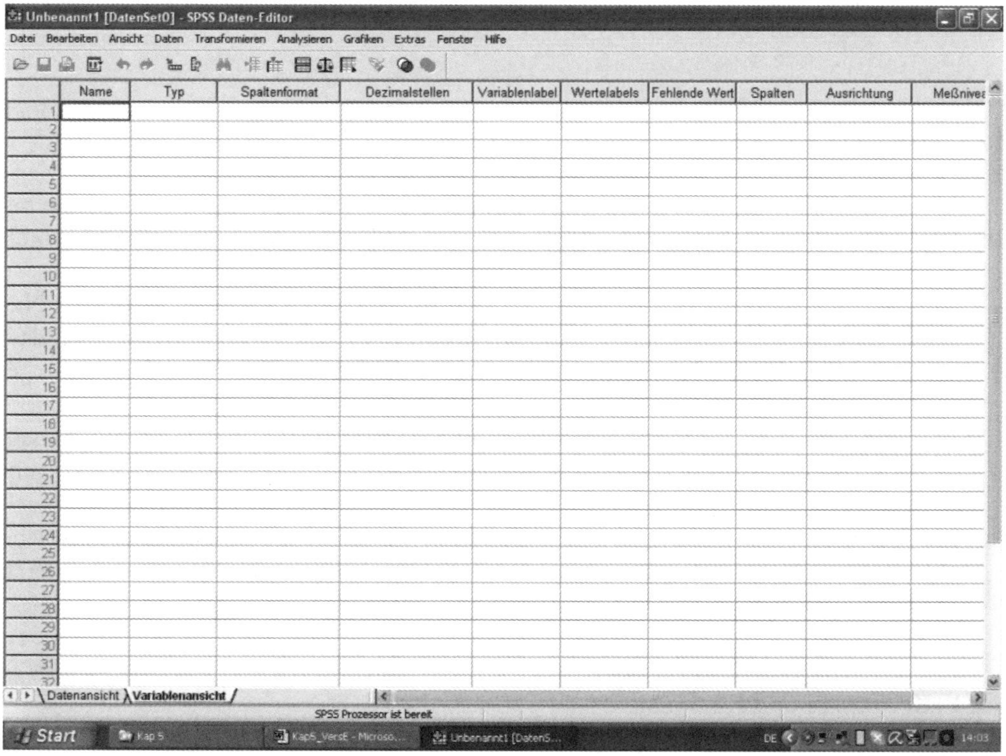

Abb. 5.3: Leerer SPSS-Dateneditor

Aufbau dieser Rechtecksmatrix:
Eine Zeile ist eine Person. Eine Spalte ist eine Variable.

Es können also für jede einzelne Person die Daten in einer Zeile abgelesen werden oder pro Spalte die Ausprägungen einer Variable. Eine Zelle ist der Schnittpunkt von Fall und Variable. Sie enthält einen einzelnen Wert für den jeweiligen Fall.

Betrachten wir nun diesen Daten-Editor – er stellt für uns zwei Ansichten zur Verfügung, deshalb sollten Sie in späterer Folge beim Öffnen von SPSS immer die Anzeigen in der linken unteren Ecke beachten. Die zwei Ebenen sind **Datenansicht** und **Variablenansicht**.

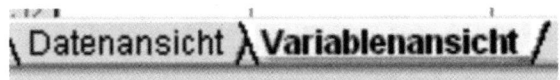

Abb. 5.4: Daten- bzw. Variablenansicht

Die Datenansicht ist jene Ebene, in der die gewonnenen Fragebogendaten eingegeben werden. Bevor dies aber passieren kann, müssen in der Variablenansicht die einzelnen Variablen definiert werden.

5.2.2   Wichtige Anmerkungen vor der Dateneingabe

Bevor Sie sich nun in der Variablenansicht mit der Definition der einzelnen Variablen beschäftigen, müssen noch einige wichtige Vorarbeiten, welche die Verwaltung der Daten erleichtern, durchgeführt werden:
1. Nummerieren Sie die Fragebogen mit einer fortlaufenden Zahl (sogenannte ID-Nr.-Identifikationsbezeichnung oder Identifikationsnummer). Damit gewährleisten Sie, dass Sie jederzeit bei Auffälligkeiten im Datensatz oder fehlenden Werten im Originalfragebogen nachsehen können.
2. Vermerken Sie auf einem leeren Fragebogen die Variablennamen, die Sie gewählt haben, und die verwendeten Kodes/Zahlen. Erstellen Sie also einen Kodeplan, der im Folgenden noch detailliert besprochen wird. Damit haben Sie gewährleistet, dass Sie auch nach einer Arbeitspause sofort wieder einen Überblick darüber bekommen können, welche Zahlen Sie welchen Ausprägungen zugeordnet haben und wie die Kurzbezeichnungen der Variablen lauten.

5.2.3   Kodierung und Kodeplan

In einem Kodeplan werden den einzelnen Fragen eines Fragebogens Variablennamen und die verwendeten Kodes/Zahlen zugeordnet. Jede Spalte (Variable) bekommt eine Bezeichnung – sie stellt eine Variable dar. In jeder Zeile werden die Ausprägungen (Antworten der Personen) in die Datenmatrix eingegeben.

Demonstrieren wir dies an der ersten Frage aus unserem Übungsfragebogen:

A.   Studienwahl und Studiensituation
A.1.   Was hat Sie dazu bewogen, das Studium der Ernährungswissenschaften zu wählen?

A.1.1	Allgemeines Interesse an Ernährungsfragen	
A.1.2	Gute Berufsaussichten nach dem Studium	
A.1.3	Interesse an Naturwissenschaften	

Bei der Bezeichnung der Variablen gibt es zwei Zugänge, die Vor- und Nachteile aufweisen:
- Einerseits können die Items einfach durchnummeriert werden. Diese Variante wurde bei unserem Übungsfragebogen gewählt. Sie finden also die Variablenbezeichnungen A1.1, A1.5, A2.1, C1.1 etc.
- Andererseits können Bezeichnungen gefunden werden, die einen inhaltlichen Zusammenhang herstellen, z. B. anstelle von A1.1 „AllInt" (für Allgemeines Interesse), für A1.2 „GutBer" (Gute Berufsaussichten) oder „Beweg 1" bzw. „Beweg 2" für (Beweggrund 1 und 2).

Die Bezeichnungen obliegen der Fantasie des Auswerters/der Auswerterin. Die Definition mit Kurzbezeichnungen, die inhaltlich zuordenbar sind, erleichtern bei großen Datensätzen die Interpretation und das Wiederfinden von Skalen bei der Bearbeitung. Beide dargestellten Varianten sind üblich und korrekt. Die Wahl einer von ihnen geht mit individuellen Vorlieben einher.

Die Beschränkung auf maximal acht Zeichen für den Variablennamen ist bei den neueren SPSS-Versionen nicht mehr von Relevanz – es könnten auch längere Bezeichnungen gewählt werden. Allerdings beachte man die eventuelle Umständlichkeit bei längeren Namen, die vielleicht auch noch durch Daten-Transformationen, für die Sie neue Variablen anlegen, verlängert werden.

Im nächsten Schritt muss die Kodierung festgelegt werden. Wird ein „ja" mit 1, 2 oder anders bezeichnet? Die Zahlen können relativ willkürlich gewählt werden. Ein wichtiger Punkt ist allerdings die Konsistenz innerhalb des Fragebogens, da eine geänderte Variante zu unnötiger Verwirrung führen kann. Wenn also für die Antwort „ja" eine 1 gewählt wurde, soll dies auch durchgängig für den ganzen Fragebogen beibehalten werden. Empfehlenswert ist auch, dass bei mehreren Alternativen in Leserichtung des Fragebogens gearbeitet wird, also die erste Alternative 1, die zweite 2 usw. zugeordnet bekommt. Damit reduzieren Sie sicherlich unnötige Eingabefehler. In unserem Übungsfall wurde für „nein" 0 und für „ja" 1 vergeben.

Bei fehlenden Werten wird nichts eingegeben – die Zelle bleibt leer.

Es kann zusammenfassend festgehalten werden:

> Der Kodeplan ordnet den einzelnen Fragen eines Fragebogens Variablennamen zu.
> Der Kodeplan ordnet den Merkmalsausprägungen einer Variablen Kodenummern zu.

5.2.4 Erstellung eines Datenfiles

Dies wird üblicherweise pro Fragebogen-Item (Variable) im SPSS-Datenfenster erledigt, könnte jedoch auch über ein Syntax-File erfolgen, dazu müsste man sich mit den dafür notwendigen Befehlen auseinandersetzen. Das erscheint die umständlichere Variante für ungeübte Personen zu sein.

Selbstverständlich besteht auch die Möglichkeit, Daten, die bereits in elektronischer Form vorliegen, in eine SPSS-Datendatei umzuwandeln. Es kann sich dabei um eine Excel-Tabelle, dies ist der häufigste Fall, oder eine Access-Datenbank handeln. Weiters besteht auch die Möglichkeit, einfache Textdaten einzufügen.

1. Erstellung einer Variable

1. Wählen Sie die Variablenansicht aus.
2. Gehen Sie mit dem Cursor/der Maus in die erste freie Zeile unter *Namen*.
3. Geben Sie den gewählten Variablennamen (z. B. wie hier in der ersten Zeile einfach *Nr.*) ein.
4. Gehen Sie mit dem Cursor/der Maus in die nächste Spalte.

Sie sehen folgende Abbildung:

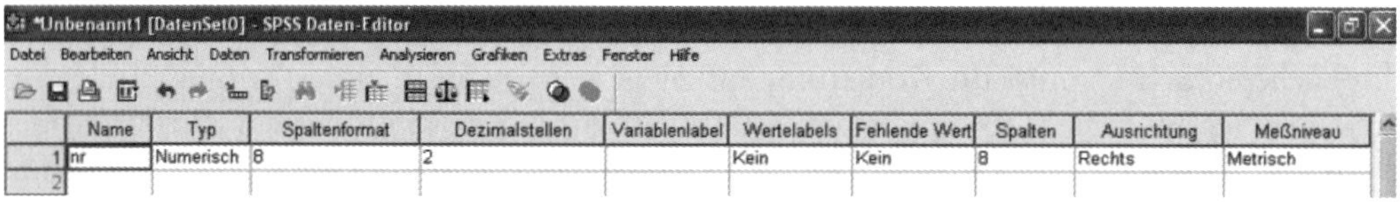

Abb. 5.5: Variablenansicht mit erster Variable „Nr."

Sie können sehen, dass Voreinstellungen erscheinen, die bearbeitet werden müssen:

▪ **Name:** Im ersten Schritt wird der Name vergeben, wie das bereits bei der Variable *Nr.* passiert ist. Dieser darf nicht mehr als 64 Zeichen umfassen. Die Beschränkung auf acht Zeichen wurde ab der SPSS-Version 12 aufgehoben. Das erste Zeichen muss ein Buchstabe sein, Umlaute sind erlaubt. Leerzeichen oder spezielle Zeichen wie -, *, ! oder ? müssen vermieden werden, da sie Teil der Syntax sind.

▪ **Typ:** Nach der Vergabe des Namens für die Variable wenden wir uns den sogenannten Variablentypen (Datentypen) zu. In SPSS sind sie numerisch voreingestellt. Es gibt folgende Typen – sie kommen zu dem Dialogfeld (Abb. 5.6), wenn Sie die Punkte neben *Numerisch* anklicken.

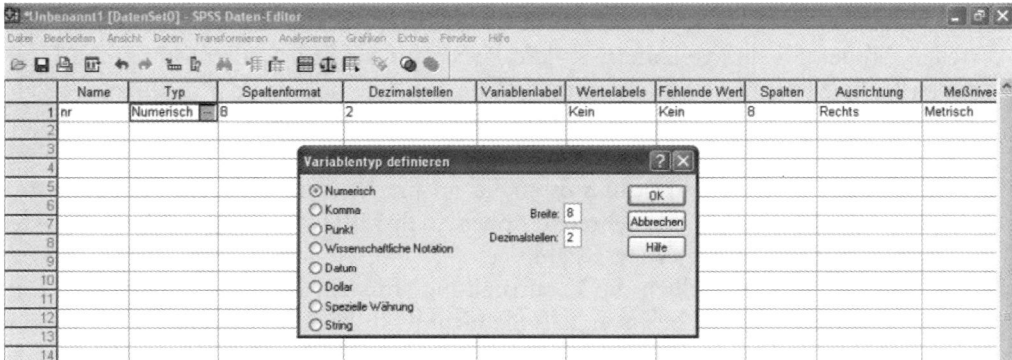

Abb. 5.6: Variablentyp definieren

Vollständige Auflistung und Erklärungen:

- **Numerisch**: eine Variable, deren Inhalt Zahlen sind (z. B. 33). Es werden Zahlen in das Datenfile eingegeben, deshalb ist auch die Voreinstellung numerisch.
- **Komma**: eine (numerische) Variable, deren Werte mit Komma als Tausender-Trennzeichen und Punkt als Dezimaltrennzeichen angezeigt werden (z. B. „2,111.48")
- **Punkt**: eine (numerische) Variable, deren Werte mit Punkten als Tausender-Trennzeichen und Komma als Dezimaltrennzeichen angezeigt werden (z. B. „27.000,11")
- **Wissenschaftliche Notation**: eine (numerische) Variable, z. B. deren Werte mit einem E und einer Zehnerpotenz mit Vorzeichen angezeigt werden (z. B. „1,03E + 003")
- **Datum**: eine (numerische) Variable, deren Wert in einem Datums- oder Uhrzeitformat angezeigt werden (Format lässt sich aus einer Liste auswählen) (z. B. „29-10-1911")
- **Dollar**: eine (numerische) Variable mit einem führenden Dollarzeichen ($), deren Werte mit einem Komma als Tausender-Trennzeichen und einem Punkt als Dezimaltrennzeichen angezeigt werden
- **Spezielle Währung**: eine (numerische) Variable, deren Werte in einem wählbaren Währungsformat angezeigt werden
- **String**: eine alpha-numerische Variable, deren Inhalt Buchstaben und Zahlen sind. Die Länge des Strings wird bei der Variablendefinition festgelegt (lässt sich aber auch später noch ändern). Groß- und Kleinbuchstaben werden als unterschiedliche Zeichen gewertet.

In unserem Fall belassen wir für die Variable „Nr." die Voreinstellung *numerisch*, da wir dafür ja Zahlen eingeben. Grundsätzlich sind wir bestrebt, unseren Variablen Zahlen zuzuordnen, da dies eine Grundvoraussetzung für die Verarbeitung mit dem Statistikprogramm ist, deshalb wurde bereits bei der Fragebogenkonstruktion auf die negativen Aspekte der Auswertung bei offenen Antwortformaten eingegangen.

Als nächste Voreinstellung betrachten wir:

▪ **Spaltenformat mit den Dezimalstellen**
Die Voreinstellung sind acht Zeichen für das Spaltenformat und zwei für die Dezimalstellen. Wollen Sie dies verändern, so klicken Sie auf das Feld Spaltenformat und Dezimalstelle. Es erscheint jeweils eine Schaltfläche, um eine höhere oder niedrigere Anzahl einzustellen. Wenn Sie beispielsweise keine Dezimalstellen wollen, stellen Sie auf *0* um. Von hoher Relevanz ist das Spaltenformat, wenn Sie eine String-Variable definiert haben – also Text eingeben wollen, dann müssen Sie entsprechenden Raum zur Verfügung stellen und die acht Zeichen auf mehrere erhöhen, z. B. 150. Es wird bei der Eingabe jeder Buchstabe und jedes Leerzeichen gezählt.
Sie können selbstverständlich die Voreinstellung von acht für das Spaltenformat und zwei für die Dezimalstelle belassen, falls Sie nicht mehr Platz benötigen.

▪ **Variablenlabels definieren**
Wie bereits die Bezeichnung „Label" signalisiert, geht es um die nähere Beschriftung der Variable – um eine Etikette. Es soll der Inhalt näher beschrieben werden, das erleichtert das Wiedererkennen bei der Bearbeitung. Diese Variablenlabels dürfen eine Länge von bis zu 120 Zeichen haben.
In unserem Übungsdatensatz ist dies von hoher Relevanz, da wir unsere Variablen einfach mit A1.1, A1.2, A1.3 etc. durchnummeriert haben. Nun besteht in dieser Spalte die Möglichkeit, eine genauere Bezeichnung hinzuzufügen. Diese kann für A1.1: „Allgemeines Interesse", für A1.2: „Gute Berufsaussichten" und A1.3: „Interesse an Naturwissenschaften" lauten.

Die Spaltenbreite kann sich ggf. automatisch anpassen, wenn Sie ein längeres Label eingeben. Natürlich können Sie sie auch wieder verkleinern, indem Sie am rechten Rand des Spaltenkopfs mit der Maus nach links ziehen.

▪ **Wertelabels definieren**
Hier können analog zu den Variablenlabels für die verschiedenen Ausprägungen einer Variable Werte vergeben werden. Sie dienen der Unterscheidung. Dies hat jedoch nur Relevanz, wenn verschiedene Ausprägungen vorliegen. In unserem Übungsfall haben wir z. B. bei den Variablen
A1.1: „Allgemeines Interesse"
A1.2: „Gute Berufsaussichten" und
A1.3: „Interesse an Naturwissenschaften"
jeweils die Möglichkeit, ein Kreuz am Fragebogen bei Zustimmung oder ein leeres Feld bei Nichtzustimmung zu belassen. Wir haben 0 = „nein" und 1 = „ja" kodiert.
Klicken Sie zweimal auf den Feldrand der Spalte *Wertelabels* in der Zeile A1.1, dann erhalten Sie folgende Ansicht:

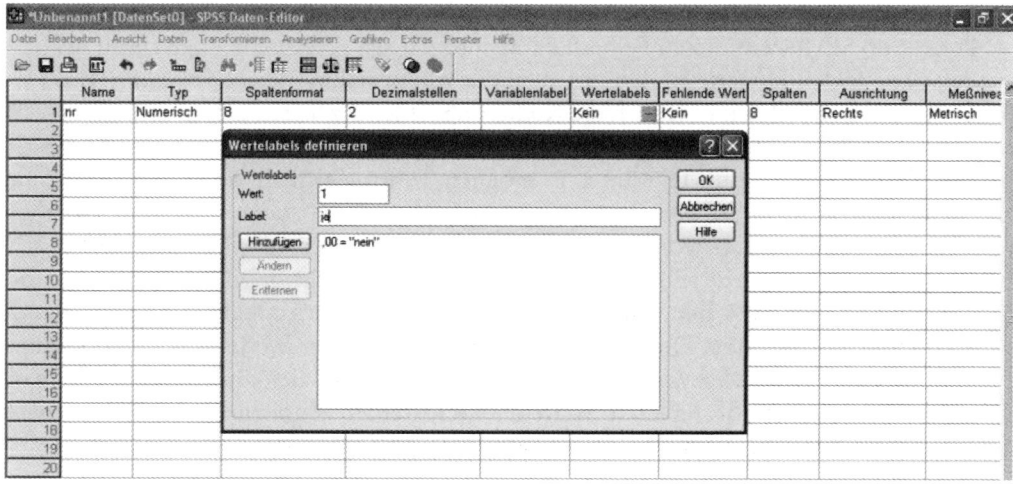

Abb. 5.7: Wertelabels definieren

Sie gehen nun folgendermaßen vor:
1. Im Feld *Wert* wird die Zahl eingetragen – in diesem Fall *0*.
2. Im Feld *Wertlabel* wird der Text, die Beschreibung, eingetragen – in diesem Fall *nein*.
3. Danach klicken Sie die Schaltfläche *Hinzufügen*.

Das Label erscheint im unteren Feld. Im selben Modus können Sie nun das zweite Label für die Kodierung „1" definieren. Nach Eingabe aller Labels klicken Sie auf die Schaltfläche *OK*.

Fahren Sie mit den anderen Variablen fort:
A2.1: „Fachliche Betreuung der Studierenden seitens der ProfessorInnen"
A2.2: „Größe der Hörsäle und Seminarräume"
A2.3: „Ausstattung des Labors"
A2.4: „Persönlicher Umgang der InstitutsmitarbeiterInnen mit den Studierenden". Es gibt sechs Kategorien zur Auswahl. Von *1* = +++ bis *6* = ---.

Für die Variable:
A2.4: „Geschlecht" wurde *0* für männlich und *1* für weiblich vergeben.
A2.5: „Ausstattung der Bibliothek mit Fachliteratur"

Es könnten auch höhere Zahlen vergeben werden. Es ist jedoch Einfachheit anzustreben, um den Datensatz übersichtlich zu gestalten.

▌ Fehlende Werte
Bei empirischen Daten können aus verschiedensten Gründen einzelne Werte fehlen. Einerseits können sie bewusst nicht angegeben werden oder aber auch einfach bei der Bearbeitung aus unterschiedlichen Gründen fehlen.

Bei der Dateneingabe können die betroffenen Felder einfach leer gelassen werden. Das Programm SPSS weist diesen Feldern dann automatisch spezifische, sogenannte system-definierte fehlende Werte zu. Dies ist auch die Voreinstellung: *Keine fehlenden Werte.* Die zweite Möglichkeit ist jedoch die Kodierung fehlender Werte. Damit kann ein Nach-vollziehen der Gründe für fehlende Werte gewährleistet werden, wenn dies von inhaltli-cher Relevanz erscheint. Es wäre z. B. möglich, 0 für „Antwort verweigert" und 1 für „weiß Antwort nicht" zu vergeben, wenn dies auch wirklich zuordenbar wäre. Über das eigene Alter müsste z. B. jede Person Auskunft geben können, ob sie es aber auch möch-te, ist eine andere Sache. Bei späteren Analysen könnten diese Differenzen in den Be-weggründen gesondert betrachtet werden. Es wäre aber auch möglich, sie als fehlende Werte zu kennzeichnen. Diese Möglichkeit besteht für drei Werte. Zusätzlich können auch *Bereiche und einzelner fehlender Wert* eingestellt werden. Hier können zusammenhän-gende Wertebereiche als fehlende Werte definiert werden. Zusätzlich zum Wertebereich können Sie optional einen weiteren einzelnen Wert als fehlenden Wert deklarieren.

■ **Spalten**
Es lässt sich für jede Variable die Breite der entsprechenden Spalte in der Datenansicht der Datei festlegen. Das hat allerdings nur optische Auswirkungen, es beeinflusst die Breite der Werte nicht. Am einfachsten ist es, die Voreinstellung zu belassen.

■ **Ausrichtung**
Die Ausrichtung ist für numerische Werte rechtsbündig und für Textvariablen linksbün-dig. Beide Einstellungen können geändert werden. Die Möglichkeiten erscheinen, wenn Sie am rechten Feldrand den Pfeil anklicken, als Dropdown-List.

■ **Messniveau**
Dazu haben Sie bereits im Kapitel 2 eine genaue Einführung erhalten. Die Festlegung des Messniveaus einer jeden Variable ist eine wichtige Grundvoraussetzung für unter-schiedliche statistische Operationen. Den Variablen werden auch verschiedene Symbole zugeordnet.
Wichtig erscheint der Hinweis, dass im SPSS nur nominales, ordinales und metrisches Skalenniveau (Messniveau) unterschieden werden. Intervall- bzw. rationalskalierte Varia-blen werden nicht differenziert, weil eine Unterscheidung für die meisten statistischen Operationen nicht von Relevanz ist.

2. Dateneingabe

Wir klicken nun zur Datenansicht. In dieser werden die vorher bestimmten Merkmalsaus-prägungen eingegeben, z. B. für „Nr." die Zahlen 1–20, für die Variablen A1.1 bis A1.5 eine 0 (nicht angekreuzt) oder eine 1 (angekreuzt), für A1.6 ist Text eingegeben worden, es ist ei-ne String-Variable. Dies ist für alle zwanzig Personen durchgeführt worden. Die Datensätze sind in der praktischen Arbeit natürlich viel größer und ein guter Überblick ist deshalb sehr wichtig. Der im Anhang befindliche Übungsfragebogen wurde zu Demonstrationszwecken bewusst klein gehalten.

Falls Sie die Kodierungen vergessen haben, können Sie jederzeit in der Variablenansicht unter *Wertelabel* nachsehen. Abb. 5.8 zeigt die Datenansicht mit den eingegebenen Kodierungen (Zahlen).

	nr	a1.1	a1.2	a1.3	a1.4	a1.5	a1.6	a2.1	a2.2	a2.3	a2.4	a2.5	b1.1
1	1,00	,00	,00	1,00	,00	,00		3,00	1,00	5,00	6,00	5,00	6,00
2	2,00	,00	,00	1,00	,00	,00		1,00	6,00	6,00	4,00	5,00	5,00
3	3,00	1,00	,00	1,00	,00	,00		5,00	6,00	4,00	4,00	3,00	3,00
4	4,00	1,00	1,00	1,00	,00	,00	Medizin	3,00	6,00	2,00	5,00	1,00	4,00
5	5,00	1,00	,00	1,00	,00	,00		4,00	4,00	5,00	2,00	2,00	5,00
6	6,00	,00	,00	1,00	1,00	,00		6,00	5,00	5,00	3,00	3,00	3,00
7	7,00	1,00	,00	,00	,00	1,00	Wunsch	2,00	2,00	6,00	5,00	6,00	2,00
8	8,00	1,00	,00	1,00	,00	,00		1,00	3,00	4,00	4,00	5,00	5,00
9	9,00	1,00	1,00	,00	1,00	1,00		3,00	6,00	3,00	5,00	1,00	4,00
10	10,00	1,00	1,00	1,00	1,00	1,00		3,00	5,00	5,00	2,00	6,00	6,00
11	11,00	1,00	,00	1,00	1,00	1,00		2,00	3,00	3,00	2,00	3,00	4,00
12	12,00	1,00	1,00	1,00	1,00	1,00		5,00	4,00	1,00	3,00	1,00	1,00
13	13,00	,00	1,00	1,00	1,00	1,00		4,00	6,00	1,00	4,00	6,00	4,00
14	14,00	,00	1,00	1,00	,00	1,00		1,00	3,00	2,00	5,00	4,00	1,00
15	15,00	1,00	1,00	1,00	1,00	1,00	Selbstä	6,00	2,00	6,00	3,00	5,00	5,00
16	16,00	1,00	,00	1,00	1,00	,00		2,00	5,00	2,00	1,00	4,00	1,00
17	17,00	1,00	,00	,00	1,00	,00		4,00	1,00	4,00	2,00	6,00	2,00
18	18,00	1,00	,00	,00	1,00	1,00		1,00	5,00	3,00	1,00	3,00	3,00
19	19,00	,00	,00	1,00	1,00	1,00		3,00	4,00	3,00	4,00	1,00	6,00
20	20,00	1,00	,00	1,00	,00	1,00		4,00	5,00	2,00	4,00	5,00	2,00
21													
22													

Abb. 5.8: Datenansicht ohne Wertelabels

Es besteht allerdings auch die Möglichkeit, die Wertelabels anzuzeigen. Dies veranschaulicht die nächste Abbildung (Abb. 5.9).

	nr	a1.1	a1.2	a1.3	a1.4	a1.5	a1.6	a2.1	a2.2	a2.3	a2.4	a2.5	b1.1
1	1,00	nein	nein	ja	nein	nein		+	+++	--	---	--	---
2	2,00	nein	nein	ja	nein	nein		+++	---	---	-	-	--
3	3,00	ja	nein	ja	nein	nein		--	---	-	-	+	+
4	4,00	ja	ja	ja	nein	nein	Medizin	+	---	++	-	+++	-
5	5,00	ja	nein	ja	nein	nein		-	-	-	++	++	-
6	6,00	nein	nein	ja	ja	nein		--	--	--	+	+	+
7	7,00	ja	nein	nein	nein	ja	Wunsch	++	++	---	-	--	++
8	8,00	ja	nein	ja	nein	nein		+++	+	-	-	--	-
9	9,00	ja	ja	nein	ja	ja		+	--	+	-	+++	
10	10,00	ja	ja	ja	ja	ja		+	--	--	++	---	-
11	11,00	ja	nein	ja	ja	ja		++	+	+	++	+	-
12	12,00	ja	ja	ja	ja	ja		--	-	+++	+	+++	+++
13	13,00	nein	ja	ja	ja	ja		-	---	+++	-	--	-
14	14,00	nein	ja	ja	nein	ja		+++	+	++	--	-	+++
15	15,00	ja	ja	ja	ja	ja	Selbstä	---	++	---	+	-	--
16	16,00	ja	nein	ja	ja	nein		++	--	++	+++	-	+++
17	17,00	ja	nein	nein	ja	nein		-	+++	-	++	---	++
18	18,00	ja	nein	nein	ja	ja		+++	--	+	+++	+	+
19	19,00	nein	nein	ja	ja	ja		+	-	+	-	+++	-
20	20,00	ja	nein	ja	nein	ja		-	--	++	-	--	++
21													

Abb. 5.9: Datenansicht mit Wertelabels

Ob die Wertelabels oder die Variablenwerte angezeigt werden, lässt sich mittels des Symbols oder im Menü Ansicht umschalten.

5.2.5 Datencheck

Sofern die Daten per Hand eingegeben wurden, können sich selbstverständlich immer wieder Eingabefehler einschleichen. Es ist daher ratsam, die Daten einer kurzen Überprüfung zu unterziehen, bevor man zur Auswertung übergeht. Damit können böse Überraschungen und vor allem falsche Ergebnisse vermieden werden.

Nachdem nun alle Daten aus den vorliegenden Fragebogen eingegeben wurden, liegt ein sogenanntes Datenfile vor. Der übliche Vorgang ist die Speicherung des eingegebenen Datensatzes unter dem Namen *Rohdaten.sav*. Dies ist also der Datensatz in seiner Urform, auf den, falls erforderlich, jeder Zeit zurückgegriffen werden kann. Er sollte wirklich in seiner Form belassen werden.

Wir wenden uns dem Datencheck zu: Ein Zugang zur Analyse ist die Bestimmung der Maxima bzw. Minima der Variablen und ihrer Lage- bzw. Streuungsmaße. Man kann z. B. daraus ablesen, ob die zulässigen Grenzen über- bzw. unterschritten wurden. Sie finden diese Möglichkeiten der Überprüfung im SPSS unter zwei Varianten – zwei Menüpunkten:

1. *Analysieren – Deskriptive Statistiken – Häufigkeiten – Statistiken*. Danach kann unter *Streuung* bzw. *Lagemaße* das Benötigte ausgewählt werden.
2. *Analysieren – Deskriptive Statistiken*: In dieser Variante liegt der Vorteil, dass alle Kennwerte auf einen Blick relativ rasch vorliegen. Wir greifen hier ein wenig vor – siehe dazu Kapitel 6.

Eine weitere Möglichkeit liegt in der Überprüfung durch Kreuztabellen. Bei näherer Betrachtung können dadurch „Unmöglichkeiten" gut erkannt werden.

Sie finden diese Möglichkeiten der Überprüfung im SPSS unter dem Menüpunkt:

Analysieren – Deskriptive Statistiken – Kreuztabellen; siehe ebenfalls Kapitel 6.

Falls Fehler gefunden werden, können sie am Originalfragebogen noch überprüft und im Datenfile korrigiert werden. Der Vorliegende Datensatz behält weiterhin den Namen *Rohdaten.sav*.

5.2.6   Weitere Datenaufbereitung

Auf verschiedenste Funktionen wie Kopieren, Ausschneiden, Einfügen oder Löschen von Variablen kann hier nicht näher eingegangen werden. Es gibt ausgezeichnete Literatur zur Handhabung von SPSS. Es sollen dennoch spezifische Funktionen, die für die Optimierung der Daten erforderlich sind, erwähnt werden.

Betrachten wir zwei Befehle:

1. Transformieren – Umkodieren in dieselbe Variable oder *Umkodieren in andere Variablen*

Wichtig daran ist, dass beim ersten Befehl die bisherigen Werte überschrieben werden, beim zweiten jedoch die Ursprungsvariable erhalten bleibt. Als Beispiel könnte die Variable C1.2 – Alter in Jahren herangezogen werden. Diese metrische Skala mit ihren Einzelausprägungen könnte in Altersklassen umkodiert werden, z. B. unter 20 Jahren der Wert 1, 20 bis 29 der Wert 2, 30 bis 39 der Wert 3 etc.

Sie sehen das folgende Dialogfeld:

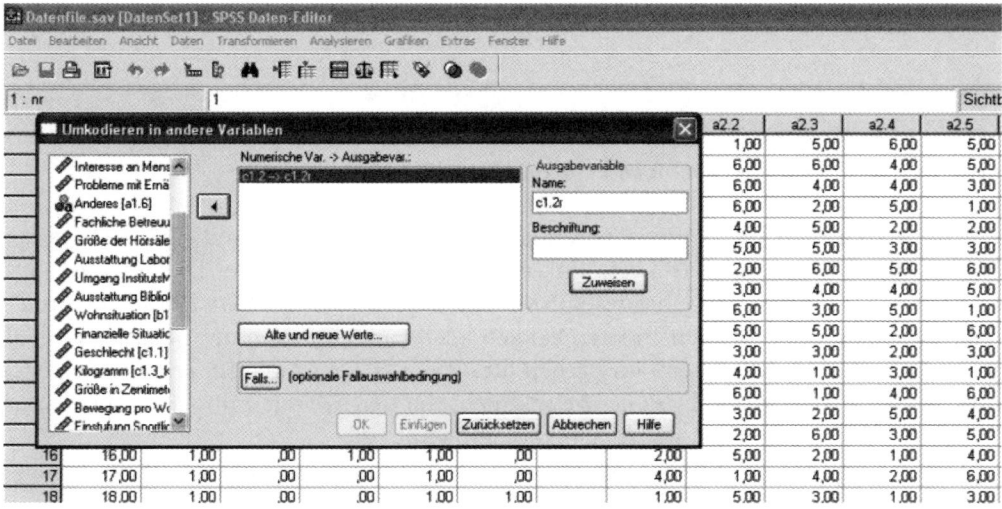

Abb. 5.10:   Umkodieren in andere Variable

Ausgabevariable: Hier wird der Name für die neue Variable angegeben. In diesem Fall steht das *r* für „rekodiert" – aus C1.2 wird C1.2r. Nach dem Klicken auf *Zuweisen* betätigen Sie den Button *Alte und neue Werte*.

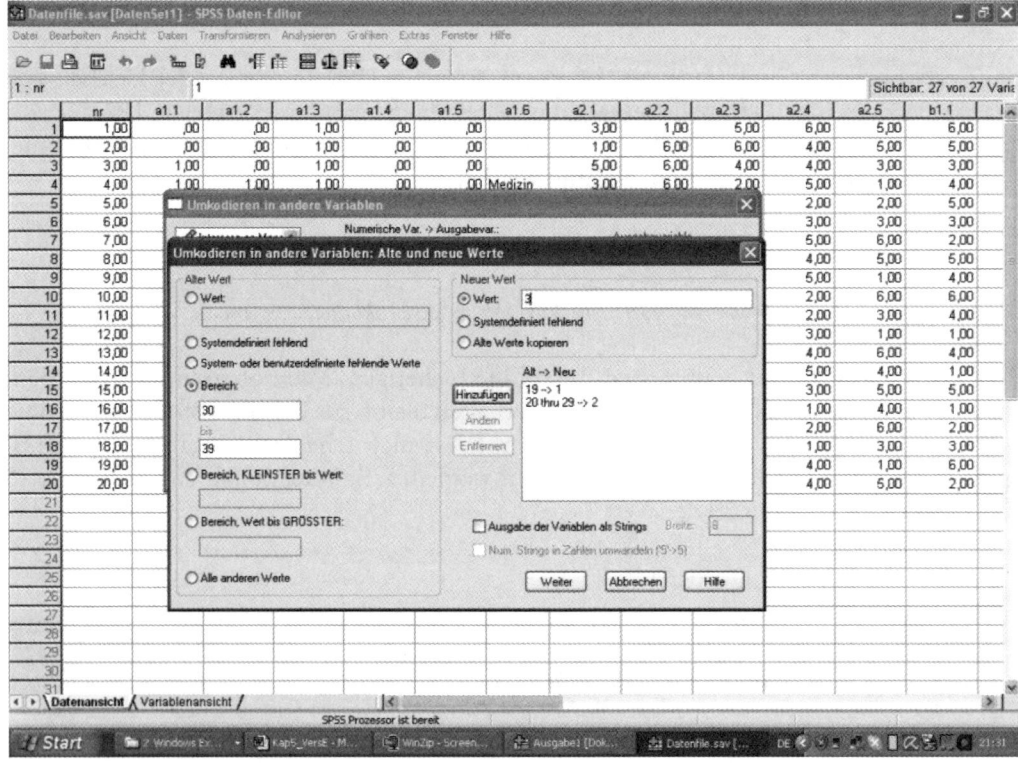

Abb. 5.11: Umkodieren in andere Variable – alte und neue Werte

Wir wollen die alten Werte also unter 20 Jahre, in den Wert 1, die Werte 20 bis 29 in den Wert 2, 30 bis 39 in den Wert 3 etc. umkodieren. Aus der Analyse der Daten ist bekannt, dass es 19-jährige Personen gibt, deshalb wird in diesem Fall der Wert *19* für „alt" und *1* für „neu" eingegeben. Bei den anderen Kodierungen handelt es sich um Bereiche, deshalb benutzen wir die Option *Bereich* und geben für *alt* von 20 bis 29 und für *neu* 2 ein. Danach klicken wir auf *Hinzufügen*. Das Gleiche geschieht mit den Werten 3 und 4 etc. Nach dem Klicken auf *Weiter* bestätigen wir die Umkodierung mit *OK*.

Nun ist es günstig, im Editor (*Variablenansicht*) Wertelabels zu vergeben, damit wir diese Umkodierung nachvollziehen können.

Dieser Vorgang ist auch bei sogenannten „Umpolungen" von enormer Wichtigkeit. Eine Variable sollte immer so kodiert sein, dass ein hoher Wert eine starke Ausprägung des gemessenen Konstruktes signalisiert. Bei einer Frage nach der Zustimmung sollte eine Antwort, die eben diese Zustimmung signalisiert, mit einer zahlenmäßig hohen Ausprägung einhergehen. Dies muss bei umgepolten Items beachtet werden.

Ganz allgemein sollte die Dokumentation jeglicher Veränderungen am Datensatz nachvollziehbar sein.

2. Fälle auswählen

Im Regelfall beziehen sich Auswertungen oft auf Teilgruppen im Datensatz, z. B. möchte man eine gewisse Information nur von den männlichen Teilnehmern an der Befragung erhalten, z. B. ihr durchschnittliches Körpergewicht. Dazu beachte man den Befehl:

Daten – Fälle auswählen – Falls Bedingung zutrifft

Klicken Sie auf *Falls*, um die Fälle zu definieren.

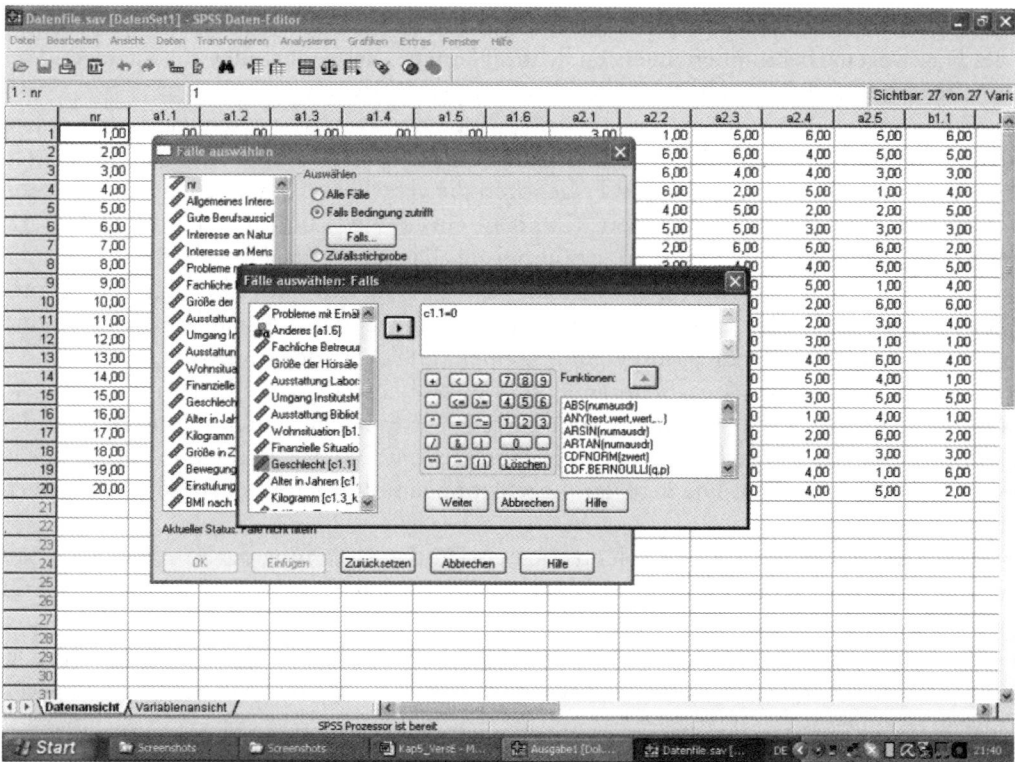

Abb. 5.12: Fälle auswählen: Falls

Klicken Sie auf die Variable *Geschlecht* im Auswahlfenster:
Geschlecht C1.1 = 0 (d. h. nur die Männer). Danach können Sie nur für die Männer das durchschnittliche Körpergewicht berechnen – dazu weiter in Kapitel 6.

Sie können auch mehrere Auswahlkriterien vergeben: männlich und kein „Allgemeines Interesse" am Studium:

$$C1.1 = 0 + A1.1 = 0$$

Damit wird es möglich, Berechnungen für spezielle Teilgruppen durchzuführen.

5.3   Zusammenfassung des Kapitels

Um die erhobenen Daten eines Fragebogens mittels SPSS auswerten zu können, bedarf es einiger Vorbereitungen für die Herstellung eines Datenfiles. Die Daten sollen in eine leere Datenmatrix (Daten-Editor) eingegeben werden. Dies ist im SPSS ein Spreadsheet-ähnliches Arbeitsmittel, eine große Rechtecksmatrix, wobei eine Zeile eine Person und eine Spalte eine Variable darstellt. Eine Zelle ist also der Schnittpunkt von Fall und Variable.

Dieser Daten-Editor bietet uns zwei Ansichten: die Variablen- und die Datenansicht.

In der Datenansicht werden die gewonnenen Fragebogendaten eingegeben, die vorher allerdings in der Variablenansicht definiert werden müssen. Die Variablen (einzelne Fragen des Fragebogens) bekommen im ersten Schritt Namen. Dies geht einher mit wichtigen Vorarbeiten, die vor der Eingabe der Daten noch empfehlenswert sind.

Zuerst sollten die Fragebogen mit einer fortlaufenden Nummer gekennzeichnet werden. Dies erleichtert das Auffinden einzelner Daten bei fehlenden Werten oder Auffälligkeiten. Zusätzlich werden auf einem leeren Fragebogen die vergebenen Variablennamen mit ihren zugehörigen Kodierungen vermerkt. Damit ist ein rasches Zurechtfinden im Datensatz, auch nach längeren Arbeitspausen, gewährleistet. Die zusätzliche Erstellung eines Kodeplans in Form einer Tabelle auf einem Blatt Papier ist oft sehr hilfreich. Allgemein formuliert, ordnet der Kodeplan einzelnen Fragen eines Fragebogens Variablennamen zu und den dazugehörigen Merkmalsausprägungen einer Variable Kodenummern.

Bei der Vergabe von Variablennamen gibt es zwei Zugänge, die beide ihre Vor- bzw. Nachteile haben. Als erste Möglichkeit besteht die einfache Durchnummerierung der Items. Die zweite Möglichkeit wäre, Bezeichnungen zu finden, die einen inhaltlichen Zusammenhang herstellen. Die verbalen Bezeichnungen obliegen der Fantasie des Auswerters/der Auswerterin.

Nach der Festlegung der Variablennamen erfolgt die Kodierung der Ausprägungen. Als einfaches Beispiel geben wir der Variable „Geschlecht" den Namen „Sex" und vergeben für weiblich *1* und männlich *0*.

Bei der Erstellung einer Variable sind neben dem Namen auch Typ, Spaltenformat, Dezimalstellen, Variablenlabels, Wertelabels, fehlende Werte, Spalten, Ausrichtung und Messniveau festzulegen.

Nach der erfolgreichen Eingabe der Daten muss unbedingt ein Datencheck durchgeführt werden. Dadurch können Fehler in der Auswertung eliminiert werden.

Ein Zugang liegt in der Ermittlung der Minima bzw. Maxima und Streuungs- bzw. Lagemaße einzelner Variablen. Grenzüberschreitungen können dadurch gut identifiziert werden. Ein weiterer Zugang liegt in der Erstellung von Kreuztabellen, die „Unmöglichkeiten" aufdecken können. Falls Fehler identifiziert werden können, werden sie im Originalfragebogen noch überprüft und im Datenfile korrigiert.

SPSS stellt eine Vielzahl an Operationen zur Verfügung, die zur Datenverwaltung sehr brauchbar sind, dazu muss aber auf entsprechende Handbücher, die sich speziell mit der Handhabung des Programms beschäftigen, verwiesen werden.

Auf zwei Funktionen soll dennoch aufgrund ihrer hohen praktischen Relevanz eingegangen werden. Es sind dies die Funktionen *Transformieren* und *Fälle auswählen*:

Transformieren – Umkodieren in dieselbe Variable oder *Umkodieren in andere Variablen*
Dieser Befehl bietet die Möglichkeit, Gruppen zu bilden. Als Beispiel dient die Variable „Alter", die in ihren Einzelausprägungen (Alter in Jahren) vorliegt. Diese könnte mit der Funktion „Transformieren in Altersklassen" zusammengefasst werden, z. B. 20–29/30–39/40–49 etc.

Daten – Fälle auswählen – Falls Bedingung zutrifft
Dieser Befehl ermöglicht die Auswahl von einzelnen Gruppen für spezielle Analysen, z. B. nur männliche Personen. In der Praxis ist es oft erforderlich, einzelne Untergruppen des Datenfiles einer Analyse zu unterziehen.

5.4 Übungsbeispiele

Überprüfen Sie Ihr Wissen und versuchen Sie, die fünf Übungsbeispiele zu lösen:

1. Welche wichtigen Vorarbeiten sollten Sie unbedingt vor der Dateneingabe vornehmen?
2. Was versteht man unter Kodierung und was ist ein Kodeplan?
3. Was sind Variablenlabels und warum ist es zweckdienlich, sie zu definieren?
4. Warum ist nach der Eingabe der Daten ein sogenannter Datencheck empfehlenswert und mit welchen Methoden kann er erfolgen?
5. Für welche Zwecke ist der Befehl „Fälle auswählen" von hoher Relevanz?

Die Lösungen zu den Übungsbeispielen finden Sie im Anhang auf Seite 173 f.

6 Deskriptivstatistische Datenanalyse

Mittels deskriptivstatistischer Methoden soll eine erste Visualisierung der Daten in Form von Tabellen, Diagrammen, einzelnen Kennwerten und Grafiken erfolgen. Es geht dabei in erster Linie um eine Beschreibung, einen guten Überblick zu verschaffen und wesentliche Informationen herauszufiltern – im engeren Sinne um eine Reduktion der Daten. Wichtige Hauptaussagen sollen auf den ersten Blick erkenntlich werden.

6.1 Tabellarische Darstellung der Daten

6.1.1 Häufigkeitstabellen

In einer Häufigkeitstabelle werden in tabellarischer Form die absoluten Häufigkeiten dargestellt, mit denen die einzelnen Werte in einer Variablen enthalten sind. Im Prinzip geht es um das Abzählen der einzelnen Messwerte der Versuchspersonen und ihre gesammelte Darstellung.

Zusätzlich werden relative (absolute Häufigkeit dividiert durch den Stichprobenumfang) und kumulierte (kumulieren = anhäufen) Häufigkeiten ausgewiesen.

Wir wollen dies an unserem Datensatz demonstrieren und verwenden dazu aus dem Fragenkomplex A2 „Wie zufrieden sind Sie mit folgenden Bereichen Ihres Studiums?" das Item A2.1 „Fachliche Betreuung der Studierenden seitens der Professoren". Dieses Item wird mit einer sechsstufigen Antwortskala von sehr zufrieden mit +++ bis nicht zufrieden mit --- vorgegeben.

Die Darstellung der Häufigkeiten in SPSS finden Sie unter dem Menüpunkt:
Analysieren – Deskriptive Statistik – Häufigkeiten

Tab. 6.1: Häufigkeitstabelle von Item A2.1

Fachliche Betreuung

		Häufigkeit	Prozent	Gültige Prozente	Kumulierte Prozente
Gültig	+++	4	20,0	20,0	20,0
	++	3	15,0	15,0	35,0
	+	5	25,0	25,0	60,0
	–	4	20,0	20,0	80,0
	--	2	10,0	10,0	90,0
	----	2	10,0	10,0	100,0
	Gesamt	20	100,0	100,0	

Beachten Sie bei der Interpretation der Tabelle zuerst die Gesamtanzahl der Personen. In Tabelle 6.1 wurden alle Personen der Stichprobe miteinbezogen (n = 20), falls dies nicht der Fall ist, weist das Programm die Anzahl der fehlenden Werte aus.

In der ersten Spalte finden Sie unter *Häufigkeiten* die Anzahl der absoluten Häufigkeiten, z. B. wurde „--" zweimal genannt, „-" viermal und „ +++" ebenfalls viermal.

In der zweiten Spalte können unter *Prozent* die relativen Häufigkeiten abgelesen werden. Wie bereits erwähnt, errechnen sich diese mit der Formel „absolute Häufigkeit dividiert durch den Stichprobenumfang"; in unserem Fall exemplarisch für die Kategorie „+" 5: 20 = 0,25 also 25 %.

Die Spalte *gültige Prozent* ist von hoher Bedeutung, wenn es fehlende Werte gibt, dann beziehen sich die Prozentangaben auf den reellen Stichprobenumfang. Es werden die gültigen Antworten unter Ausschluss der fehlenden Werte betrachtet; zuletzt die kumulierten, also angehäuften Prozente. Diese errechnen sich z. B. bis zur Kategorie „+" mit 20 % + 15 % + 25 % = 60 %, d. h., diese Summierung zeigt uns an, dass 60 % der befragten Personen bei diesem Item im positiven Bereich geantwortet haben.

Die Darstellung einer Häufigkeitstabelle ist neben grafischen Darstellungsvarianten für nominalskalierte Daten die einzige und oft eine sehr wichtige statistische Analysemöglichkeit. Die Darstellung ordinalskalierter Daten kann ebenfalls erfolgen (wie unser Beispiel zeigt), für diese bestehen allerdings noch zusätzliche Möglichkeiten, auf die nun im Folgenden eingegangen werden soll.

6.1.2 Kreuztabellen bzw. Kontingenztafeln

Kreuztabellen werden auch Kontingenztabellen genannt. Mit ihnen werden die absoluten Häufigkeiten bestimmter Ausprägungen von Merkmalen dargestellt. Präziser formuliert, kommt es zu einer Darstellung der Beziehung der Häufigkeitsverteilungen mehrerer Merkmale untereinander. Bei zwei nominalskalierten Variablen oder auch bei ordinalskalierten Variablen mit nicht vielen Kategorien kann mittels einer Kreuztabelle ein guter Gesamteindruck über deren Beziehungen gegeben werden. Für nominalskalierte Variablen mit mehr als zwei Ausprägungen stellt dies die einzige Möglichkeit dar, Beziehungen zu erkunden.

Die analytische Auswertung erfolgt mithilfe des χ^2-Tests (gesprochen Chiquadrat-Test). Dieser wird in Kapitel 8 behandelt. Mit ihm wird überprüft, ob es signifikant auffällige Kombinationen der Kategorien gibt.

Wenden wir uns nun aber im ersten Schritt einem speziellen Verfahren für die Beziehung zwischen zwei dichotomen Variablen zu – eigentlich in gewisser Weise der Urform der Kontingenztafeln. Es sind dies die **zweidimensionalen Kontingenztafeln** bzw. **Vierfeldertafeln.**

Eine Vierfeldertafel hat folgende allgemeine Form: Sie setzt sich aus Spalten, Zeilen und deren Summen zusammen.

Tab. 6.2:   Schematische Darstellung der Vierfeldertafel

a	b	a+b
c	d	c+d
a+c	b+d	n

Mit der Vierfeldertafel kann eine Zusammenhangshypothese zwischen zwei dichotomen Variablen überprüft werden.

Jedoch sei darauf hingewiesen, dass diese bivarianten Analysen möglicherweise auch durch eine dritte Variable verzerrt werden können. Dies könnte erst durch eine multivariate (mehrdimensionale) Untersuchung überprüft werden.

Bleiben wir aber noch beim erwähnten einfacheren Fall – der bivarianten Analyse. Betrachten wir dazu zwei Variablen unseres Übungsfragebogens – nämlich die Variable A1.4 („Interesse im Umgang mit Menschen") und C1.1 („Geschlecht").

Wir stellen die **Nullhypothese (H$_0$)** auf, dass es keinerlei geschlechtsspezifischen Effekt bei der Beantwortung der Frage gibt. Die Beantwortung des Items A1: „Was hat Sie bewogen, das Studium der Ernährungswissenschaften zu wählen?"/A1.4 „Interesse am Umgang mit Menschen" ist unabhängig vom Geschlecht.

Die **Alternativhypothese (H$_1$)** besagt, dass ein geschlechtsspezifischer Effekt besteht.

Kreuztabellen sind in SPSS unter folgendem Menüpunkt dargestellt:

Analysieren – Deskriptive Statistik – Kreuztabellen

Es öffnet sich das Dialogfeld *Kreuztabelle*. Bringen Sie bitte die gewünschten Variablen in das Zeilen- und Spaltenfenster. In unserem Fall ist im Zeilenfenster die Variable *Geschlecht* und im Spaltenfenster *Interesse an Menschen* zu sehen. Sie können danach auf *OK* klicken und bekommen folgende Tabelle als Ergebnis:

Tab. 6.3:   Übersicht „Verarbeitete Fälle" für die Variablen A1.4 und C1.1

Verarbeitete Fälle

	Fälle					
	Gültig		Fehlend		Gesamt	
	N	Prozent	N	Prozent	N	Prozent
Geschlecht * Interesse an Menschen	20	100,0 %	0	,0 %	20	100,0 %

Die erste Tabelle zeigt uns die Anzahl der verarbeiteten Fälle. Es sind dies n = 20 gültige Fälle ohne fehlenden Wert.

Betrachten wir nun die nächste Tabelle:

Tab. 6.4:   Vierfeldertafel für die Variablen A1.4 und C1.1

Geschlecht * Interesse an Menschen Kreuztabelle

Anzahl

		Interesse an Menschen		Gesamt
		nein	ja	
Geschlecht	männlich	7	3	10
	weiblich	2	8	10
Gesamt		9	11	20

In dieser Tabelle sind absolute Häufigkeiten angegeben. Es wäre selbstverständlich auch möglich, Prozentwerte (zeilenweise oder spaltenweise) anzugeben, diese würden Sie unter der Schaltfläche *Zellen auswählen* zuweisen können. Allerdings ist dies bei einem solch niedrigen Stichprobenumfang nicht sinnvoll.

Sieben der zehn Männer geben an, dass sie nicht aus Interesse an Menschen das Studium gewählt haben. Bei den Frauen ist dies genau gegenläufig. Dort geben nur zwei von zehn Frauen „nein" an. Insgesamt geben von zwanzig Personen neun an, dass sie nicht aus Interesse an Menschen das Studium der Ernährungswissenschaften gewählt haben, elf jedoch schon. Von diesen elf Personen sind acht weiblich. Daraus wird ersichtlich, dass es sehr wohl einen Zusammenhang zwischen diesen Variablen gibt. Ob dieser jedoch signifikant, also nicht zufällig zustande gekommen ist, wäre mittels χ^2-Test zu überprüfen. Dies zeigen wir in Kapitel 8 an einer größeren Stichprobe. Wir beschränken uns hier vorerst auf die Beschreibung der Daten.

Betrachten wir nun den Fall mit **mehrdimensionalen Kontingenztafeln**, in dem eine Variable mehrere Abstufungen hat.

Dazu bieten sich die Items B1.1 („Wohnsituation") und B1.2 („Finanzielle Situation") an. Diese beiden Variablen sind jeweils mit sechs Abstufungen vorgegeben worden. Natürlich ist hier aufgrund des niedrigen Stichprobenumfangs die Sinnhaftigkeit in der Besetzung der einzelnen Zellen zu hinterfragen – allerdings wurde das Beispiel zur Demonstration dennoch herangezogen, da es sich auf den bewusst übersichtlich gestalteten Übungsfragebogen bezieht.

Die Darstellung der Kreuztabellen in SPSS finde sich unter dem Menüpunkt:

Analysieren– Deskriptive Statistik – Kreuztabellen

Bringen Sie wieder die gewünschten Variablen ins Feld.

Tab. 6.5: Übersicht „verarbeitete Fälle" für die Variablen B1.1 und B1.2

Verarbeitete Fälle

	Fälle					
	Gültig		Fehlend		Gesamt	
	N	Prozent	N	Prozent	N	Prozent
Finanzielle Situation * Wohnsituation	20	100,0 %	0	,0 %	20	100,0 %

Hier finden sich wiederum Angaben zur Anzahl der verarbeiteten bzw. fehlenden Werte. Da die Daten von unserem Übungsfragebogen stammen, ist n = 20.

Tab. 6.6: Kreuztabelle für die Variablen B1.1 und B1.2

Finanzielle Situation * Wohnsituation Kreuztabelle

Anzahl

		Wohnsituation						Gesamt
		+++	++	+	–	––	–––	
Finanzielle	+++	1	0	2	0	0	0	3
Situation	++	0	0	1	0	0	0	1
	+	0	1	0	1	1	0	3
	–	1	0	0	1	1	0	3
	––	1	0	0	1	1	1	4
	–––	0	2	0	1	1	2	6
Gesamt		3	3	3	4	4	3	20

Die Kreuztabelle bildet aus den einzelnen Wertekombinationen der beiden Variablen insgesamt 6 x 6 = 36 Felder. Dies wäre bei einem großen Datensatz sinnvoll. Weiters wäre bei einem umfangreicheren Datensatz auch die zusätzliche Angabe von Prozentwerten empfehlenswert.

Sie können aus dieser Tabelle nun einzelne Beziehungen ablesen, z. B. eine Person bei *Wohnsituation +++* und *finanzielle Situation +++*, zwei Personen bei *Wohnsituation –––* und *finanzielle Situation –––*. Wenn hier ein größerer Datensatz verwendet worden wäre, könnte man generelle Aussagen über Zusammenhänge treffen. Ob dieser auch signifikant wäre, also nicht zufällig zustande gekommen wäre, wäre ebenfalls mittels χ^2-Test zu überprüfen.

6.2 Grafische Darstellung der Daten

Zur Darstellung erhobener Daten bietet das Programm SPSS verschiedene Typen von Grafiken an. Unter dem Menüpunkt *Grafiken* finden sich sowohl statistische Grafiken als auch solche für Präsentationen.

Die Grafiken, die erstellt worden sind, erscheinen im sogenannten Viewer. Sie können durch einen Doppelklick auf das Diagramm über den Diagrammeditor verändert werden. Es stehen sowohl allgemeine Möglichkeiten der Bearbeitung als auch spezielle Funktionen für jeden Diagrammtyp zur Verfügung.

Wenn Sie den Menüpunkt *Grafiken* öffnen, erscheinen drei gleichwertige Möglichkeiten:
Diagrammerstellung
Interaktiv
Veraltete Dialogfelder

Diese drei Varianten sollen einzeln in ihrer Grobstruktur darstellt werden.

Die Variante *Diagrammerstellung* wird für die Erstellung des Balkendiagramms mithilfe des Chart Builders (ab Version 14) demonstriert, die zweite Möglichkeit *Interaktiv* für ein Histogramm und die dritte für Boxplots.

Es bleibt dem Leser/der Leserin überlassen, welche der beschriebenen Varianten er/sie wählt. Erfahrungsgemäß erwirbt man im Versuch der Erstellung von Diagrammen eine gewisse Routine. Es gibt sicherlich Vorlieben für unterschiedliche Zugänge.

6.2.1 Balkendiagramme

In einem Balkendiagramm können Häufigkeiten von nominal- oder ordinalskalierten Variablen dargestellt werden. SPSS realisiert den Vorgang mit unterschiedlichen Möglichkeiten.

Die erste Variante ist die Darstellung des Balkendiagramms in SPSS mithilfe des Chart Builders unter dem Menüpunkt:

Grafiken – Diagrammerstellung

Nach dem Anklicken erfolgt ein Hinweis auf die Festlegung des Messniveaus jeder einzelnen Variable. Sollten Sie dies noch nicht für den gesamten Datensatz erledigt haben, ist es nun erforderlich, dies nachzuholen und in der Datenmatrix die Messniveaus anzugeben. Dann klicken Sie auf *OK*. Falls Sie dies bereits erledigt haben, klicken Sie gleich auf *OK*.

Es erscheint das Fenster *Diagrammerstellung* mit dem Feld *Variablen* links oben. Hier können Sie alle Variablen, die Sie zur Bearbeitung zur Verfügung haben, ablesen.

Darunter erscheint das Feld *Galerie* mit einigen Funktionen wie *Elementeigenschaften*, z. B. *Achsenbeschriftungen, Titel* und *Fußnoten*.

Unser Hauptaugenmerk liegt allerdings vorerst auf den zwei Feldern: *Diagrammvorschau* und *Auswählen aus*.

Unter *Auswählen aus* finden Sie Vorschläge für einzelne Diagrammarten. Sie klicken das Gewünschte an und erhalten Vorschläge – nach der Auswahl kann es durch einfaches Hochziehen in das Feld *Diagrammvorschau* umgesetzt werden. Es erscheint im Feld *Diagrammvorschau*.

Danach wählen Sie die Variable aus, die dargestellt werden soll. Sie wählen sie aus dem Feld *Variablen* und ziehen sie auf die x-Achse (Abzisse). In unserem Fall ist dies die Variable *A2.1* („Fachliche Betreuung der Studierenden seitens der Professoren").

Die Festlegung der Beschriftung der y-Achse (Ordinate) kann von der Voreinstellung *Anzahl* geändert werden. Sie werden vielleicht bemerkt haben, dass beim Hochziehen des Diagramms in die *Diagrammvorschau* das Fenster *Elementeigenschaften* geöffnet wurde. Dort befindet sich unter dem Button *Statistik* die Möglichkeit, dies zu ändern. Sie können dabei von einigen Möglichkeiten auswählen, z. B. *Prozentsatz, kumulierte Prozente* etc.

Wenn Sie diese Schritte befolgt haben, haben Sie nun ein einfaches Balkendiagramm erstellt. Ein Beispiel zeigt Abb. 6.1 für die Variable A2.1 („Fachliche Betreuung der Studierenden seitens der Professoren").

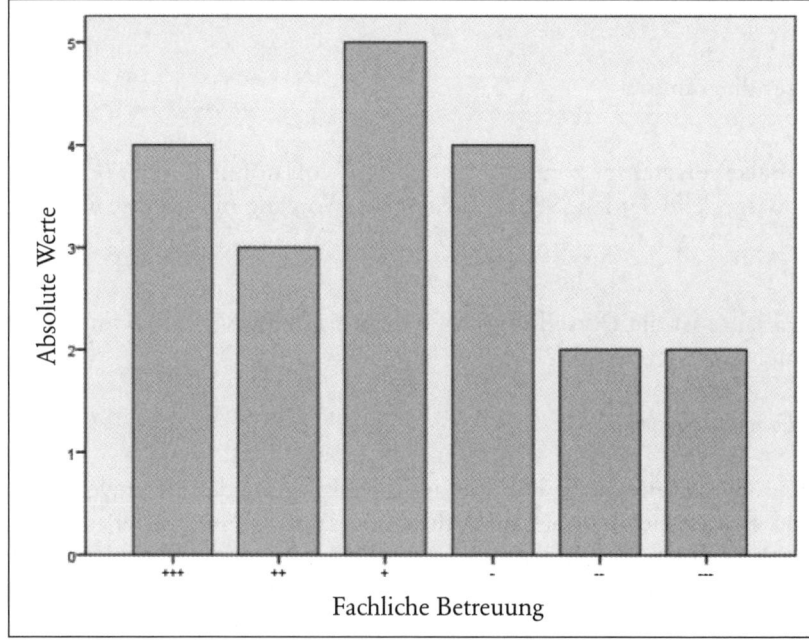

Abb. 6.1: Balkendiagramm für die Variable A2.1

Selbstverständlich gibt es eine Vielzahl an Veränderungsmöglichkeiten der Diagramme. Diese Anleitungen allein könnten ein Buch füllen. Es kann daher an dieser Stelle im Detail nicht auf sie eingegangen werden. Hier sollen nur grundsätzliche Zugänge vermittelt werden.

6.2.2 Histogramme

Ein Histogramm stellt eine Häufigkeitsverteilung von intervallskalierten Variablen dar. Wenn viele verschiedene Werte vorliegen, macht deren Abbildung in einem Balkendiagramm keinen Sinn, da das Bild ein zu differenziertes ist und dadurch unübersichtlich wird. Es scheint sinnvoller, die Werte in Klassen zusammenzufassen und anschließend diese Klassenhäufigkeiten als Balken im Diagramm darzustellen.

Das Histogramm wird in der zweiten Variante, die SPSS zur Erstellung von Grafiken anbietet, umgesetzt. Sie finden es unter dem Menüpunkt:

Grafiken – Interaktiv

Nach der Auswahl dieses Menüpunktes erscheint eine große Auswahl an Diagrammtypen, wie z. B. *Balken, Punkt, Linien, Band, Histogramm*. Wählen Sie die gewünschte Darstellungsart aus. In unserem Fall ist dies die Funktion *Histogramm*. Nach der Auswahl erscheint das Fenster *Histogramm erstellen* mit den Unterteilungen:
Variablen zuweisen
Histogramm
Titel
Optionen

1. Bleiben wir zuerst bei dem Unterpunkt *Variablen zuweisen* – es kann hier wieder aus allen Variablen die zu bearbeitende ausgewählt und durch einfaches Hinüberziehen auf die x-Achse (oder auch y-Achse) festgelegt werden. In unserem Fall ziehen wir die Variable *bmi* („BMI zum Zeitpunkt der Fragebogenvorgabe") hinüber.
   Auf der y-Achse lautet die Voreinstellung *Anzahl*, dies kann auch durch *Prozent* ersetzt werden (siehe bei der Variablenliste).
2. *Histogramm* als weitere Auswahlmöglichkeit im Fenster *Histogramm erstellen* bietet die Möglichkeit, die Normalverteilungskurve einzuzeichnen. Diese Möglichkeit ist voreingestellt und kann weggeklickt werden. Zusätzlich können die Intervalle und der Anfangspunkt festgelegt werden. Relevant ist auch, dass die Voreinstellung im Programm die Intervallbreite automatisch festlegt. Diese Funktion kann auch weggeklickt und geändert werden.
3. *Titel* als dritter Unterpunkt des Fensters bietet die Möglichkeit, das Diagramm mit *Titel*, *Untertitel* und *Erklärungen* zu beschriften.
4. *Optionen* als letzter Punkt unterteilt in *Kategorialreihenfolge*, *Diagrammvorlage*, *Achsen* und *Skalenbereiche*. Die Skalenbereiche sind auf Auto eingestellt und können durch Wegkli-

cken verändert werden. Es kann ein Minimum und Maximum eingegeben werden, um die Abschnitte auf der X-Achse zu verändern.

Wenn Sie diese Schritte befolgt haben, haben Sie nun ein einfaches Histogramm erstellt. Ein Beispiel zeigt Abb. 6.2 für die Variable BMI („BMI zum Zeitpunkt der Fragebogenvorgabe").

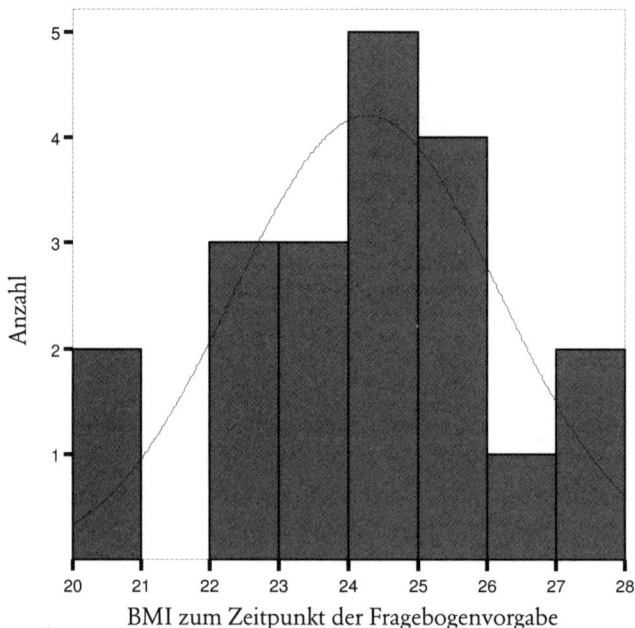

Abb. 6.2: Histogramm für die Variable BMI zum Zeitpunkt der Fragebogenvorgabe

6.2.3 Boxplots

Eine beliebte Art, den Median (siehe unter Punkt 6.3.3) und die beiden Quartile von intervallskalierten Variablen darzustellen, ist das Zeichnen von Boxplots. Es wird hier inhaltlich etwas vorgegriffen. Dem Leser/der Leserin wird empfohlen, im entsprechenden Teil von Kapitel 6 über Lage- bzw. Streuungsmaße nachzulesen.

Die dritte Variante, Boxplots in SPSS darzustellen, finden Sie unter dem Menüpunkt:

Grafiken – veraltete Dialogfelder

Nach der Wahl dieses Menüpunktes erscheint eine große Auswahl an Diagrammtypen, wie z. B. *Balken, 3-D-Balken, Linie, Fläche, Boxplot.* Wählen Sie den gewünschten Diagrammtyp aus. In unserem Fall ist dies die Funktion *Boxplot.* Im Anschluss können Sie zwischen *ein-*

fachen und *gruppierten* Boxplots wählen. Belassen Sie vorerst die Voreinstellung. Danach können Sie wiederum eine Wahl zwischen *Auswertung über Kategorien einer Variable* oder *Auswertung über verschiedene Variablen* treffen. Belassen Sie ebenfalls die Voreinstellung und klicken Sie auf den Button *Definieren*.

Es erscheint das Fenster *Einfachen Boxplot definieren: Auswertung über Kategorien einer Variable*. Sie müssen in den Zeilen *Variable* und *Kategorieachse* Eingaben tätigen, um *OK* klicken zu können. Die Variable, für die der Boxplot erstellt werden soll, wählen Sie aus der Liste aus und klicken Sie ins vorgesehene Feld *Variable*. In unserem Fall ist dies die Variable *bmi_t2* („BMI nach 8 Wochen").

In der Zeile der *Kategorieachse* geben Sie eine Variable ein, die Kategorien definiert. Wir wählen eine klassische Unterscheidungsmöglichkeit aus, nämlich „männlich" und „weiblich", also die Variable *Geschlecht*. Danach klicken Sie auf *OK*.

Wenn Sie diese Schritte befolgt haben, haben Sie nun einen Boxplot erstellt.

Ein Beispiel zeigt Abb. 6.3 für die Variable „bmi_t2" – „BMI nach 8 Wochen" für die Gruppe der weiblichen und männlichen Personen.

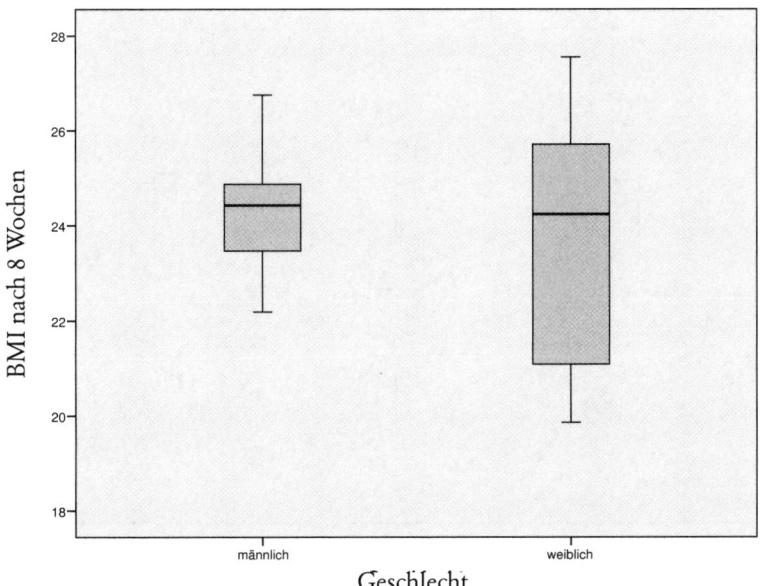

Abb. 6.3: Boxplot für die Variable „bmi_t2"/„Geschlecht"

Zur Ergänzung soll die Variante *Auswertung über verschiedene Variablen* ebenfalls dargestellt werden. Der Zugang erfolgt wieder über: *Grafiken – veraltete Dialogfelder*.

Nach der Auswahl dieses Menüpunktes erscheint wieder eine große Auswahl an Diagrammtypen, wie z. B. *Balken, 3-D-Balken, Linie, Fläche, Boxplot*. Wählen Sie den gewünschten Diagrammtyp aus. In unserem Fall ist dies die Funktion *Boxplot*.

Nach der Auswahl können Sie, wie Sie bereits gesehen haben, zwischen *einfachen* und *gruppierten* Boxplots wählen. Belassen Sie vorerst die Voreinstellung auf *einfach*.

Ändern Sie dann die Voreinstellung *Auswertung über Kategorien einer Variable* auf *Auswertung über verschiedene Variablen*. Danach klicken Sie auf den Button *Definieren*.

Es erscheint das Fenster *Einfachen Boxplot definieren: Auswertung über verschiedene Variablen*. Danach können Sie die Variablen, die Sie abbilden möchten, in das Feld *Box entspricht* klicken. In unserem Fall sind das die Variablen: „bmi"/„bmi_t2" und „bmi_t3": BMI zum Zeitpunkt der Fragebogenvorgabe/nach acht Wochen und nach 52 Wochen.

Das Feld *Fallbeschriftung* dient dazu, Ausreißer und extreme Werte zu identifizieren. Sie werden per Voreinstellung mit der Fallnummer aus der Datendatei gekennzeichnet. Es können allerdings auch die Werte angegeben werden, dazu muss allerdings der Name der Variable eingegeben werden. Danach klicken Sie auf *OK*.

Wenn Sie diese Schritte befolgt haben, haben Sie nun drei Boxplots erstellt. Ein Beispiel zeigt Abb. 6.4 für die Variablen „bmi"/„bmi_t2"/„bmi_t3" – „BMI zum Zeitpunkt der Fragebogenvorgabe/nach 8 Wochen/nach 52 Wochen".

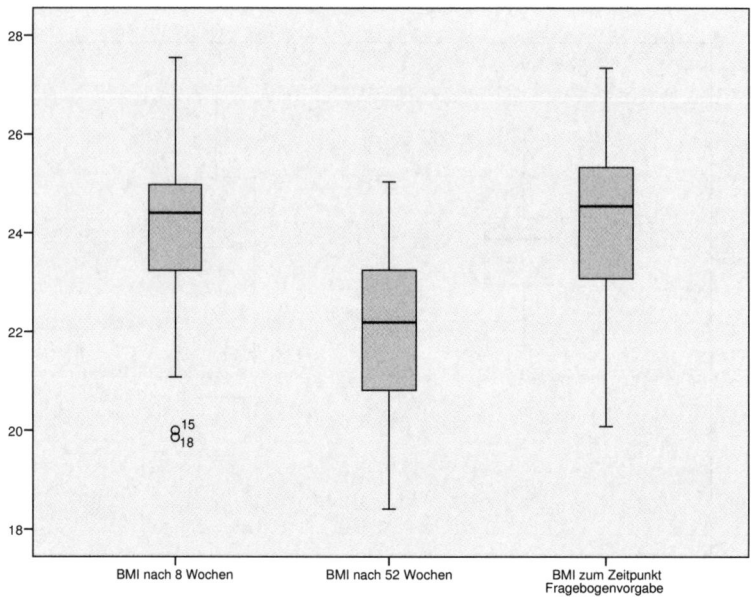

Abb. 6.4: Boxplots für die Variablen „bmi"/„bmi_t2" und „bmi_t3"

Was zeigen nun diese Darstellungsvarianten? In einem Boxplot markieren die untere und obere Linie den kleinsten und größten Wert (sofern keine Ausreißer vorhanden sind). Die untere Begrenzung der Box ist das erste Quartil (Q 1 – unterhalb liegen 25 %), die obere Begrenzung das 3. Quartil (Q 3 – unterhalb liegen 75 %). Die mittlere Linie kennzeichnet den Median (50 %). Im Falle der Variable „bmi" liegt der kleinste Wert bei 20 und der größte bei 27. Unterhalb des Wertes 23 liegen 25 %, unter dem Wert 24 50 % und unter dem Wert 25 75 % der Messwerte. Der Median liegt bei 24.

Sie haben nun auch die Möglichkeit, die unterschiedlichen Werte aller drei Variablen miteinander zu vergleichen.

Beachten Sie bei „BMI nach acht Wochen": Es gibt zwei Ausreißer mit der Fallzahl 15 und 18.

6.2.4 Streudiagramme

Die Darstellung von metrischen Variablen in Form eines Balkendiagramms, wie z. B. „Kilogramm" oder „Größe", wäre nicht sinnvoll, darauf wurde in den Vorbemerkungen zum Histogramm schon Bezug genommen.

Wäre nun nicht nur die Werteverteilung einer Variable interessant, sondern deren Zusammenhang (statistisch auch als Korrelation bezeichnet), dann wäre ein sinnvoller und gängiger Zugang die Form eines Streudiagramms. Die Form der Punktewolke gibt Aufschluss über die Stärke und Form des Zusammenhanges (siehe Kapitel 9).

Möchte man den Zusammenhang von zwei Variablen grafisch darstellen, so benutzt man dazu das Koordinatensystem mit der x-Achse (Abzisse) und der y-Achse (Ordinate). Jeder Wert kann durch einen Punkt auf der x-Achse und y-Achse beschrieben werden. Jeder Punkt stellt ein Wertepaar dar. Ein hoher positiver Zusammenhang besteht, wenn überdurchschnittliche x-Werte zumeist mit überdurchschnittlichen y-Werten gemeinsam auftreten bzw. wenn unterdurchschnittliche x-Werte zumeist mit unterdurchschnittlichen y-Werten gemeinsam auftreten. Ein hoher negativer Zusammenhang besteht, wenn überdurchschnittliche x-Werte zumeist mit unterdurchschnittlichen y-Werten gemeinsam auftreten bzw. wenn unterdurchschnittliche x-Werte zumeist mit überdurchschnittlichen y-Werten gemeinsam auftreten. Besteht kein Zusammenhang zwischen zwei Variablen, so treten bei überdurchschnittlichen Abweichungen von x sowohl über- als auch unterdurchschnittliche Abweichungen von y auf und vice versa.

Wir verwenden für die Darstellung des Streudiagrammes im SPSS wieder den Chart Builder, unter dem Menüpunkt:

Grafiken – Diagrammerstellung

Sie kennen die Vorgangsweise schon von der Erstellung des Balkendiagramms für die Variable A2.1. – „Fachliche Betreuung der Studierenden seitens der Professoren". Nach dem Anklicken erfolgt ein Hinweis auf die Festlegung des Messniveaus jeder Variable. Wenn dies erledigt ist, klicken Sie auf *OK*.

Es erscheint das Fenster *Diagrammerstellung* mit dem Feld *Variablen* und darunter das Feld *Galerie*. Klicken Sie im Feld *Auswählen* auf *Streudiagramm* und ziehen Sie das gewünschte (es reicht hier ein einfaches Streudiagramm) hoch. Es erscheint im Feld *Diagrammvorschau*. Danach wählen Sie die Variable aus, die dargestellt werden soll. In unserem Fall sind dies die Variablen *C1.3 kg* („Kilogramm") und *C1.3 cm* („Größe in Zentimeter").

Sie wählen diese aus dem Feld *Variablen* und ziehen sie auf die x-Achse (Abzisse) und y-Achse (Ordinate). Dann gehen Sie auf *OK*.

Wenn Sie diese Schritte befolgt haben, haben Sie nun ein einfaches Streudiagramm erstellt. Als Beispiel ist ein solches in Abb. 6.5 für die Variablen „C1.3 kg" („Kilogramm") und „C1.3 cm" („Größe in Zentimeter") angeführt.

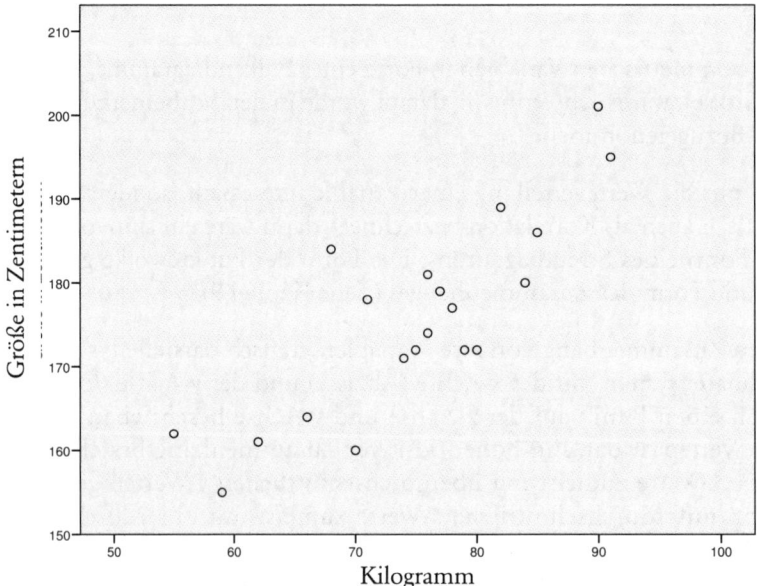

Abb. 6.5: Streudiagramm für die Variablen C1.3_kg und C1.3_cm

Es besteht die Annahme, dass üblicherweise eine Person, die größer ist, auch mehr Gewicht hat. Betrachten wir die Punktwolke, so wird unsere Annahme bestätigt. Es kommen überdurchschnittliche x-Werte mit überdurchschnittlichen y-Werten zusammen bzw. unterdurchschnittliche x-Werte mit unterdurchschnittlichen y-Werten. Es besteht ein hoher positiver Zusammenhang zwischen diesen Variablen. Dieser kann auch in einer Zahl ausgedrückt werden, mehr dazu aber in Kapitel 9.

6.3 Lagemaße – Lokalisationsparameter

In den folgenden Kapiteln wird auf Lage- bzw. Streuungsmaße als Kennwerte einer Verteilung von Merkmalen eingegangen. Oft ist es sinnvoll, neben der grafischen Darstellung Daten auch in Form von einzelnen Kennzahlen zu beschreiben. Dazu dienen Lagemaße als sogenannte „Maße der zentralen Tendenz". Sie geben an, welcher einzelne Wert eine Reihe von Daten am besten repräsentiert.

Bevor dies nun aber geschieht, muss vorweg ein grundlegendes statistisches Phänomen, eine Grundvoraussetzung für viele statistische Operationen, die Normalverteilung, beschrieben werden.

6.3.1 Normalverteilung

Die Annahme der Normalverteilung der Merkmale in der Population bei statistischen Operationen ist in der deskriptiven Statistik auch schon von Relevanz. In der Inferenzstatistik wird ihre hohe Relevanz erst deutlich, denn sie ist für einige wichtige statistische Operationen Voraussetzung

Wir wenden uns nun dieser speziellen Verteilung zu. Viele verschiedene Merkmale in der Natur, wie Intelligenz, Körpergröße und Alter, sind normalverteilt. Man ging sogar lange davon aus, dass die Normalverteilung in gewisser Weise ein Naturgesetz ist. Von dieser Vorstellung musste man sich bei näherer Betrachtung und nach eingehenden wissenschaftlichen Untersuchungen jedoch trennen.

Die Normalverteilung ist eine mathematische Basisverteilung, von der sich andere theoretische Verteilungen ableiten. Sie ist dadurch charakterisiert, dass sie eingipflig und symmetrisch ist. Sie können diese als Beispiel unter Abb. 6.2 sehen.

Bei näherer Betrachtung kristallisiert sich ihre hohe Bedeutung in der Statistik immer klarer heraus. Dazu einige inhaltliche Erklärungen:

1. „In vielen Grundgesamtheiten der realen Welt haben Merkmale eine Verteilung, die gut durch die Normalverteilung approximiert werden kann" (Kubinger, 2006, S. 113).
   Viele Merkmale, die wir antreffen, kommen nur durch das Zusammenspiel mehrerer (unabhängiger) zufälliger Komponenten zustande. Zur Erklärung dieser Aussage müssen wir eine Besonderheit in der Wahrscheinlichkeitsrechnung, den Zentralen Grenzwertsatz, näher betrachten. Vereinfacht erklärt Kubinger (2006, S. 113), „dass immer dann, wenn sich eine Zufallsvariable als Summe mehrerer unabhängiger, beliebig verteilter (Einzel-)Zufallsvariablen zusammensetzt, die Dichtefunktion umso näher einer Normalverteilung kommt, je größer die Anzahl dieser (Einzel-)Zufallsvariablen ist.
   Nehmen wir als Beispiel einen Wissenstest über den Grad an Informiertheit hinsichtlich eines Studiums mit dreißig Items, der von n = 110 Personen bearbeitet wird. Würde man ein Histogramm erstellen, welches auf der y-Achse die relativen Häufigkeiten für eine richtige Lösung einer gewissen Anzahl von Items und auf der x-Achse die Gesamtzahl der möglichen Items abbildet, so würden wir sehen können, dass sich die Säulen des Diagramms einer Normalverteilung nähern. Es ist wahrscheinlicher, dass eine mittlere Anzahl an Items gelöst wird, als eine sehr hohe oder sehr niedrige.
2. Sogenannte Grenzverteilungen (das sind Beobachtungen für $n \to \infty$) vieler Verteilungen sind Normalverteilungen. Die t-Verteilung strebt gegen eine Normalverteilung, wenn die Freiheitsgrade (der Stichprobenumfang) sehr groß werden. Dies kann auch bei der χ^2-Verteilung und der Binomialverteilung erkannt werden (vgl. ebd., S. 114).
3. Vom Zentralen Grenzwertsatz kann auch abgeleitet werden, dass, wenn die Verteilung der Zufallsvariable y nicht normalverteilt ist, zumindest die Verteilung des Mittelwertes $\bar{y}$ über alle denkbaren Stichproben für $n \to \infty$ gegen eine Normalverteilung strebt. Um eine ausreichende Approximation zu erreichen, genügt die Anwendung der Faustregel $n > 30$. Dies erscheint besonders wichtig, da sich viele Normalverteilungsannahmen auf die Verteilung des Mittelwerts beziehen (vgl. ebd., S. 115).

4. Viele statistische Prüfverfahren, die sich von der Voraussetzung der Normalverteilung ableiten, sind robust gegenüber Abweichungen der realen Verteilungen von der Normalverteilung (vgl. Rasch & Guiard 2004, zit. nach Kubinger, 2006, S. 115).

6.3.2 Das Arithmetische Mittel – der Mittelwert

Das Arithmetische Mittel ($\bar{x}$) ist das bekannteste Lagemaß und wird oft synonym für Mittelwert gebraucht. Alltagssprachlich spricht man oft vom Durchschnittswert.

Es gibt zwei Bezeichnungen: einerseits $\bar{x}$ für Stichprobe und andererseits μ, wenn es sich um den Parameter in der Grundgesamtheit (Population) handelt.

Der Mittelwert ist eine passende Kennzahl für intervallskalierte und normalverteilte Variablen. Ordinalskalierte und nicht normalverteilte Variablen können damit nicht beschrieben werden, bei nominalskalierten ist dies inhaltlich unsinnig. Versuchen Sie einmal, den Durchschnitt zwischen „weiblich" und „männlich" zu berechnen.

Es existieren allerdings auch noch andere „Mittelwerte" zur Beschreibung solcher Daten – es sind dies vor allem der Median und der Modalwert, auf die im Weiteren noch genauer eingegangen wird.

Der Mittelwert ist das Arithmetische Mittel der Messwerte und berechnet sich daher aus der Summe der Messwerte dividiert durch deren Anzahl.

Berechnung des Arithmetischen Mittels:
- Addition aller Messwerte
- Division der resultierenden Messwerte durch die Anzahl der Messwerte (= n)

Angenommen, es liegen vier Messwerte der Körpergröße von Kindern vor. Kind 1 ist 145 cm groß, Kind 2 151 cm, Kind 3 138 cm und Kind 4 150 cm. Die Anzahl der Kinder (Stichprobenumfang) ist $n = 4$. Das Arithmetische Mittel der Körpergröße der vier Kinder wird mit folgender allgemeinen Formel berechnet:

$$\bar{x} = \frac{1}{n} \sum_{i=1}^{n} x_i$$

Bei Einsetzen der Messwerte: $\bar{x} = \frac{1}{n} \sum_{i=1}^{n} x_i = \frac{(145 + 151 + 138 + 150)}{4} = 146 \text{ cm}$

Der Mittelwert der Körpergrößen der Kinder liegt bei $\bar{x} = 146$ cm.

In Abb. 6.6 soll dies noch unterstützend erklärt werden: Wenn man sich einen Balken vorstellt, der steif und völlig gewichtslos ist, sowie Messwerte von gleich schweren Gewichten, so ist jener Wert, der den Balken im Gleichgewicht hält, also ausbalanciert, das Arithmetische Mittel.

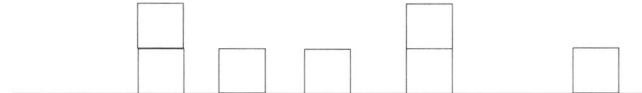

Abb. 6.6: Ergänzung zum Mittelwert

Wenn man alle Abweichungen von diesem Punkt aus zusammenzählt, ergibt das Null. Die Abweichungen vom Mittelwert nach oben und nach unten heben sich gegenseitig auf.

Die Angabe eines Mittelwertes inkludiert allerdings auch einen inhaltlichen Datenverlust. Dies kann bei der Interpretation bei Daten gewisse Effekte auch verschleiern.

Wenn Kind A bei einem Rechtschreibtest von 12 erreichbaren Punkten zuerst 11, dann 12, dann 4 Punkte und dann 0 Punkte erreicht hat, ist dies eine Verschlechterung.

Wenn Kind B jedoch beim gleichen Rechtschreibtest zuerst 0, dann 4, dann 12 und dann 11 Punkte erreicht hat, ist dies eine Verbesserung.

Beide haben jedoch den Mittelwert $\bar{x} = 6{,}75$ Punkte. Die Intervention wäre allerdings unterschiedlich. Mit Kind A müsste Rechnen geübt werden.

Eine weitere eher problematische Eigenart des Mittelwertes ist seine Irritation durch Abweichungen von der Normalverteilung, was besonders beim Auftreten von sogenannten Ausreißern auffällig wird. Man spricht von einer Stichprobenabhängigkeit des Mittelwertes.

Dazu zur Veranschaulichung wieder ein Beispiel, das zum Demonstrationszweck ein wenig überzeichnet ist. Nehmen wir an, vier Personen aus einem Betrieb werden zufällig nach ihrem Bruttoeinkommen gefragt:

Person A: 2.500 Euro
Person B: 2.000 Euro
Person C: 3.300 Euro
Person D: 20.000 Euro

Als mittleres Einkommen (unabhängig von Abteilungen) ergibt sich:

$$\bar{x} = \frac{27.800}{4} = 6.950 \text{ Euro}$$

Es ist ersichtlich, dass diese Zahl die wahre Verteilung auf keinen Fall repräsentiert, da Person D mit ihrem Einkommen den Mittelwert stark in die Höhe getrieben hat.

In diesem Fall bietet sich eine andere Kennzahl an, die für solche Abweichungen unempfindlich ist: der Median.

6.3.3 Der Median

Der Median (*Md*), auch Zentralwert genannt, ist derjenige Punkt der Verteilung, unterhalb und oberhalb dem jeweils die Hälfte der Messwerte liegt. Er ist genau der Punkt, der zwischen der oberen und unteren Hälfte der Verteilung liegt.

Der Median ist eine passende Kennzahl für ordinalskalierte und nicht normalverteilte Variablen. Bei nominalskalierten Variablen ist die Berechnung wieder unsinnig.

Berechnung des Medians:
- Alle Messwerte müssen in eine aufsteigende Reihenfolge gebracht werden.
- Ist N eine ungerade Zahl, dann ist der Median identisch mit der Zahl, die genau in der Mitte der Reihe steht.
- Ist N eine gerade Zahl, dann ist der Median das Arithmetische Mittel der benachbarten Zahlen. Die zwei mittleren Zahlen der Verteilung werden addiert und durch 2 dividiert.

Ungerader Stichprobenumfang:
Liegen die Messwerte 3 7 8 5 4 6 3 9 2 8 4 vor, so werden sie zunächst der Größe nach sortiert: 2 3 3 4 4 5 6 7 8 8 9.

In diesem Beispiel ist der Median der Messwert 5. Es liegen insgesamt elf Messwerte vor, deshalb ist der sechste Messwert der Median. Es liegen dann nämlich fünf Messwerte unterhalb und fünf Messwerte oberhalb dieses Wertes. Bei ungeradem N ist der Median also ein tatsächlich auftretender Wert.

Gerader Stichprobenumfang:
Anders verhält es sich bei geradem N, da ist der Median das Arithmetische Mittel zweier benachbarter Messwerte. Liegen diese Messwerte vor: 9 5 7 3 4 8 8 4 9 6, so werden sie zunächst der Größe nach sortiert: 3 4 4 5 6 7 8 8 9 9. So ist der Median in diesem Fall: $(6 + 7) : 2 = 6{,}5$.

Bei geradem N kann es sein, dass der Median also kein tatsächlich auftretender Wert ist.

Ein besonders großer Vorteil des Medians gegenüber dem Mittelwert ist seine relative Unempfindlichkeit gegenüber Ausreißern. Das wurde schon anhand des Einkommens von vier MitarbeiterInnen einer Firma demonstriert. Ausreißer können speziell bei geringem N die Interpretation des Arithmetischen Mittels unsinnig machen. Es bedeutet bei der Angabe des österreichischen Durchschnittseinkommens einen Unterschied, ob der Median oder der Mittelwert berechnet wird.

Das Arithmetische Mittel und der Median sind bei normalverteilten Messwerten identisch. Bei linksteiligen Verteilungen ist der Median kleiner und bei rechtsteiligen Verteilungen ist er größer als das Arithmetische Mittel. Allgemein ist beim Vorhandensein eines Ausreißers oder bei einer schiefen Verteilung der Median besser geeignet, die Mitte zu charakterisieren.

6.3.4   Der Modus (Modalwert)

> Der Modalwert (*Mo*) ist der am häufigsten auftretende Wert in einer Stichprobe. Er ist eine passende Kennzahl für nominalskalierte Variablen.

> Liegen diese Messwerte vor: 4 5 2 10 9 10 3 10, so achtet man darauf, welcher Wert am häufigsten aufscheint. Der Modalwert ist 10, dieser Wert kommt als einziger dreimal vor. Liegen jedoch diese Messwerte vor: 4 5 2 10 9 10 3 7 2 3, ist er nicht eindeutig bestimmbar, da die Werte 10, 3 und 2 jeweils zweimal vorkommen.

Es können unimodale oder bimodale Verteilungen vorliegen.

- **Unimodal:** In der Zahlenreihe 1 1 1 1 2 2 2 2 2 2 2 3 3 4 4 4 5 5 5 5 5 beispielsweise liegt das Maximum bei 2. Bei der unimodalen Verteilung ist der Modus 2 mit der Häufigkeit 7.

- **Bimodal:** In der Zahlenreihe 1 1 2 2 2 2 3 3 3 3 4 4 5 6 gibt es zwei Maxima, nämlich 2 und 3. Bei dieser bimodalen Verteilung gibt es mit 2 sowie 3 zwei Maxima, jeweils mit der Häufigkeit 4.

Weisen mehrere Werte dieselbe maximale Häufigkeit auf, so wird von einem Statistikprogramm in der Regel nur der kleinste Wert angezeigt – SPSS würde also 2 ausweisen.

Die Aussagekraft des Modalwertes ist sehr beschränkt. Er gibt keinerlei Angaben über Verteilungen.

6.4   Dispersionsmaße (Streuungsmaße)

> Dispersionsmaße (lat.: dispergere = zerstreuen) geben darüber Auskunft, wie sehr sich vorliegende Messwerte voneinander unterscheiden, wie die Verteilung von einzelnen gewonnenen Messwerten aussieht, präziser formuliert, wie breit eine Verteilung ist. Es ist daher sehr wichtig, zu einem Lagemaß auch das entsprechende Abweichungsmaß (Streuungs- bzw. Dispersionsmaß) anzugeben. Dadurch kann man in Erfahrung bringen, wie sehr einzelne Messwerte von der Mitte abweichen.

Folgende Abbildung 6.7 soll dies verdeutlichen und näherbringen:

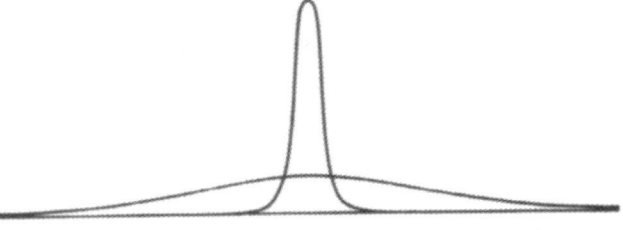

Abb. 6.7: Verteilungskurve zweier unterschiedlicher Gruppen mit identen Mittelwerten

Diese zwei Verteilungskurven zeigen zwei Gruppen, die hinsichtlich ihres Mittelwerts gleich sind. Die alleinige Angabe des Mittelwertes zur Beschreibung der Daten ist also ohne entsprechende Streuungsangabe fast wertlos. Diese zusätzliche Information ist wesentlich. Es wird eine Maßzahl gesucht, die aussagen kann, dass die Messwerte ähnlich sind. Auf diese wird nun eingegangen.

6.4.1 Varianz

Das bekannteste Streuungsmaß ist wohl die Varianz.

> Als Varianz (s^2) der Werte einer Variable ist die durch n – 1 dividierte Summe der quadrierten Abweichungen der Einzelwerte vom Arithmetischen Mittel definiert. Einfacher ausgedrückt, ist die Varianz die durchschnittliche quadrierte Abweichung vom Mittelwert.

Sie wird umso größer, je stärker die Messwerte vom Mittelwert abweichen. Es gibt wiederum auch ein Zeichen für den Populationswert und die Stichprobe. s^2 steht für den Stichprobenwert und der griechische Buchstabe σ^2 für den Populationswert. Die Varianz kann so wie der Mittelwert (Arithmetisches Mittel) nur für mindestens intervallskalierte normalverteilte Variablen sinnvoll berechnet werden.

> **Berechnung der Varianz:**
> 1. Berechnung des Arithmetischen Mittels
> 2. Subtraktion des Arithmetischen Mittels von jedem einzelnen Messwert
> 3. Quadrieren dieser Differenzen
> 4. Summierung dieser quadrierten Differenzen
> 5. Division dieser Summe durch die Anzahl der Messwerte minus 1 (diese Variante wird in SPSS umgesetzt; eine genaue Erklärung folgt)

Warum werden die Differenzen quadriert?
1. Die Differenzen der einzelnen Messwerte vom Mittelwert sind in Summe Null.
2. Eine große Abweichung erhält durch das Quadrieren mehr Gewicht.

Bleiben wir bei dem Beispiel aus Kapitel 6.3.2, den Körpergrößen der vier Kinder: Es liegen z. B. vier Messwerte der Körpergröße von Kindern vor. Kind 1: 145 cm, Kind 2: 151 cm, Kind 3: 138 cm und Kind 4: 150 cm. Den Mittelwert der Körpergrößen der Kinder haben wir mit $\bar{x} = 146$ cm berechnet.
Wie groß ist nun die Varianz für die Körpergröße der Kinder?

Allgemeine Formel: $s^2 = \dfrac{1}{n-1} \sum_{i=1}^{n} \left(x_i - \bar{x} \right)^2$

An dieser Stelle sei darauf hingewiesen, dass zur Berechnung der Varianz in vielen Lehrbüchern eine andere Formel, nämlich anstelle *n – 1* im Nenner nur *n* verwendet wird. Der Unterschied liegt darin, dass *n – 1* dann zum Einsatz kommt, wenn Daten einer Stichprobe vorliegen, mit der die Standardabweichung in der dazugehörigen Gesamtpopulation geschätzt werden soll. Allerdings wird in der analytischen Statistik die oben angeführte Form bevorzugt und auch in den gängigen Statistikprogrammen wie SPSS umgesetzt. Die Differenz bei der Berechnung ist bei größerem *n* vernachlässigbar.

Halten wir uns an die Schritte zur Berechnung der Varianz:
1. Berechnung des Arithmetischen Mittels – die mittlere Körpergröße der Kinder beträgt 146 cm. Dieses Ergebnis haben wir bereits in Kapitel 6.3.2. erzielt.
2. Von jedem einzelnen Messwert wird das Arithmetische Mittel abgezogen:
   145 cm – 146 cm = –1 cm
   151 cm – 146 cm = +5 cm
   138 cm – 146 cm = –8 cm
   150 cm – 146 cm = +4 cm
3. Jene Differenzen werden quadriert:
   $-1^2 = 1 \text{ cm}^2$
   $5^2 = 25 \text{ cm}^2$
   $-8^2 = 64 \text{ cm}^2$
   $4^2 = 16 \text{ cm}^2$
   (Durch das Quadrieren der Differenzen haben wir es nun mit „Körpergröße zum Quadrat" zu tun!)
4. Diese quadrierten Differenzen werden aufsummiert:
   $1 \text{ cm}^2 + 25 \text{ cm}^2 + 64 \text{ cm}^2 + 16 \text{ cm}^2 = 106 \text{ cm}^2$
5. Diese Summe wird durch die Anzahl der Messwerte minus 1 dividiert:
   $106/3 = 35{,}33 \text{ cm}^2$

Wir erhalten für die Varianz einen Wert von 35,33.
   Wir wissen nun, dass die Kinder im Durchschnitt 146 cm mit einer Varianz von 35,33 cm² groß sind. Was sagt dieser Wert aus? Wie interpretiert man nun diese „Körpergröße zum Quadrat"?

Zwecks inhaltlicher Interpretation bedienen wir uns einer Ableitung der Varianz. Man hilft sich, indem man die Wurzel aus der Varianz zieht. Es resultiert die Standardabweichung.

6.4.2 Standardabweichung

Die Standardabweichung (s oder σ für den Populationswert) ist ein Maß für die Streuung der Messwerte, sie ist die Quadratwurzel aus der Varianz. Sie hat die ursprüngliche Einheit der Variable, in diesem Fall „Zentimeter für die Körpergröße".

$$s = \sqrt{s^2} = \sqrt{35,33} = 5,94 \text{ cm}$$

Es gilt, dass bei annähernd normalverteilten Werten rund 68 % (genau 68,26 % aller Fälle) im Bereich von $\bar{x} + s/\bar{x} - s$, 95 % (genau 95,44 % aller Fälle) im Bereich von $\bar{x} + 2s/\bar{x} - 2s$, 99,7 % im Bereich von $\bar{x} + 3s/\bar{x} - 3s$ rund um den Mittelwert liegen (vgl. Bortz, 1999, S. 43).

Wenn die Standardabweichung klein ist, liegen alle Messwerte nahe am Mittelwert. Ist sie allerdings groß, muss man in beide Richtungen vom Arithmetischen Mittel weggehen, um einen hohen Prozentsatz der Messwerte erfassen zu können.

Die Varianz und die Standardabweichung sind genau Null, wenn alle Messwerte gleich groß sind.

Händisch wird die Standardabweichung bzw. Varianz mit dem „Steinerischen Verschiebungssatz" berechnet:

$$s_x^2 = \left[\frac{1}{n-1} \sum_{i=1}^{n} x_i^2 - \frac{\left(\sum_{i=1}^{n} x_i \right)^2}{n} \right]$$

$$s_x^2 = \frac{1}{3} \left[\left(145^2 + 151^2 + 138^2 + 150^2 \right) - \frac{(145 + 151 + 138 + 150)^2}{4} \right] = 35,33$$

$$s = \sqrt{s^2} = \sqrt{35,33} = 5,94 \text{ cm}$$

6.4.3 Der Quartilabstand

Wenn die Voraussetzungen zur Berechnung des Arithmetischen Mittels (Normalverteilung der Daten und mindestens intervallskaliert) nicht gegeben sind, wird der Median verwendet und mit ihm sein passendes Streuungsmaß – der Quartilabstand (QA).

Dieser gibt an, in welchem Bereich die mittleren 50 % einer Reihe von Messwerten liegen. Die Aussage, dass der Quartilabstand das dazugehörige Streuungsmaß für den Median und die Varianz das dazugehörige Streuungsmaß für das Arithmetische Mittel ist, ist inhaltlich völlig zulässig.

Folgende Abbildung soll den Begriff näherbringen: Es liegt eine rechtsteilige Verteilung vor und diese ist in vier gleich große Abschnitte (Quartile) geteilt. Das erste dieser Quartile schneidet die unteren 25 % der Verteilung ab, das zweite die unteren 50 % (deshalb ist es auch identisch mit dem Median), und das dritte schneidet die unteren 75 % der vorliegenden Verteilung ab.

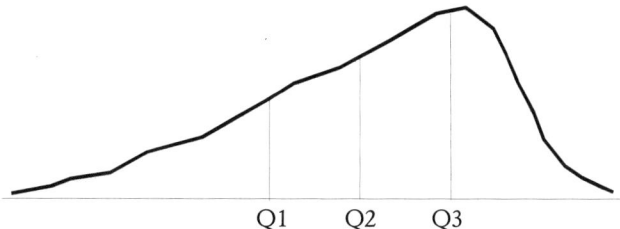

Abb. 6.8: Darstellung der Quartilabstände

Der Quartilabstand ist als die Differenz zwischen Q3 (75 %) und Q1 (25 %) definiert und wird üblicherweise erst ab einer Stichprobengröße von mindestens zwanzig Personen angegeben.

Als Grundvoraussetzung für die Berechnung müssen zuerst das erste und das dritte Quartil bestimmt werden.

Berechnung des Quartilabstandes:
1. Berechnung von Q1: Es muss zur Stichprobengröße der Wert 1 addiert werden und das um 1 vergrößerte N mit 0,25 (von 25 %) multipliziert werden. Daraus ergibt sich der Wert für Q1.
2. Die Berechnung von Q3 erfolgt analog zu Q1, jedoch wird mit 0,75 (von 75 %) multipliziert.
3. Q1 wird von Q3 abgezogen – daraus resultiert der Quartilabstand.

Folgende Datenreihe, bei der die Werte bereits in eine Rangordnung (ordinalskaliert) gebracht wurden, ist gegeben:

Rang	1	2	3	4	5	6	7	8	9	10	11	12	13	14	15	16	17	18	19	20
Wert	3	5	7	8	9	12	15	20	22	24	27	29	33	37	40	42	43	49	50	52

Wir berechnen Q1 wie folgt:
n + 1 = 21 und 21 x 0,25 = 5,25
Das Ergebnis zeigt uns, dass der fünfte Messwert das erste Quartil darstellt. Es handelt sich dabei um den Wert 9.

Wir berechnen Q3:
n + 1 = 21 und 21 x 0,75 = 15,75
Das Ergebnis zeigt uns, dass der 16. Messwert das dritte Quartil darstellt. Es handelt sich dabei um den Wert 42.

QA = Q3 – Q1 = 42 – 9 = 33

Ergebnis: Der Quartilabstand beträgt 33 Werte. Das heißt, es liegen 50 % der Messwerte zwischen den Ausprägungen 9 und 42.

6.4.4 Spannweite

Das dritte Streuungsmaß soll an dieser Stelle der Vollständigkeit halber ebenfalls Erwähnung finden. Es ist dies die Spannweite.

Die Spannweite/Streubreite/Variationsbreite ist auch unter der englischen Bezeichnung „Range" bekannt. Sie ist die Ausdehnung zwischen dem Maximum (höchster Messwert) und dem Minimum (niedrigster Messwert). Man bildet die Differenz aus dem größten und kleinsten Wert.

Leider ist ihre Aussage sehr begrenzt, da sie keinerlei Angaben über die dazwischenliegenden Werte macht. Daher wurden auch je nach Skalenniveau aussagekräftigere, präzisere Maße wie die Standardabweichung, die Varianz und der Quartilabstand entwickelt.

6.4.5 Perzentilwerte

Bei der Betrachtung der Spannweite kann es zu Verzerrungen durch Extremwerte (sogenannte Ausreißer) kommen.

In diesem Fall ist die genauere Betrachtung von eingeschränkten Bereichen der Streuung ratsam, wie z. B. nur die mittleren 80 % der Werte. Der angesprochene Bereich ist dann durch Werte abgegrenzt, die das 90. Perzentil (obere 10 %) bzw. das 10. Perzentil (untere 10 %) abschneiden (vgl. Bortz, S. 41).

„Allgemein ist das x-te Perzentil (P_x) diejenige Merkmalsausprägung, die x % der Verteilungsfläche abschneidet (ebd., S. 41)."

Wie bereits unter Kapitel 6.4.3. behandelt wurde, kann eine Verteilung in vier Quartile mit den Grenzen P_{25}, P_{50}, P_{75} vorgenommen werden. Eine weitere Möglichkeit besteht in der Einteilung in 10 Dezile mit den Grenzen P_{10}, P_{20} ... P_{90}.
   Die Berechnung der Perzentile erfolgt prinzipiell nach den gleichen Rechenschritten wie die Berechnung eines Medianwertes, dem 50. Perzentil. 50 % wird durch x % ersetzt und die Abfolge bleibt gleich.

6.5   Zusammenfassung des Kapitels

Eine erste Visualisierung der Daten in Form von Tabellen, Diagrammen, einzelnen Kennwerten und Grafiken nennt man deskriptivstatistische, also beschreibende Methoden.
   Sie sollen die Möglichkeit der Informationsreduktion auf das Wesentliche bieten. Hauptaussagen sollen auf den ersten Blick ersichtlich werden. Es können dabei unterschiedliche Zugänge verfolgt werden:
1. **Tabellarische Darstellung der Daten:** Sie ist in Form von Häufigkeits- und Kreuztabellen (Kontingenztafeln) üblich. Erstgenannte eignen sich für nominalskalierte Daten und

stellen oft die wichtigste Analysemöglichkeit dar. Kreuztabellen (Kontingenztafeln) lassen sich in zwei- oder mehrdimensionale einteilen. Mittels zweidimensionaler Kontingenztafeln kann eine Zusammenhangshypothese zwischen zwei dichotomen Variablen überprüft werden. Mit der mehrdimensionalen Tafel können Variablen mit mehreren Abstufungen betrachtet werden.

2. **Grafische Darstellung der Daten:** Die Form für grafische Darstellungen sind Balkendiagramme, Histogramme, Boxplots und Streudiagramme.

   Mit Balkendiagrammen können Häufigkeiten von nominal- oder ordinalskalierten Variablen dargestellt werden. In Form von Histogrammen werden hingegen Häufigkeitsverteilungen von intervallskalierten Variablen dargestellt.

   Die sehr beliebte Darstellungsvariante der Boxplots bietet die Möglichkeit, den Median und die beiden Quartilabstände von intervallskalierten Variablen darzustellen.

   Die Streudiagramme bieten die Möglichkeit, Zusammenhänge von zwei metrischen Skalen zu erkunden. Die zwei Variablen werden im Koordinatensystem eingetragen und bilden eine Punktwolke. Sie gibt Aufschluss über Stärke und Form des Zusammenhangs.

3. **Darstellung in Form von Lage – bzw. Lokalisationsmaßen:** Eine übliche Darstellungsweise von Daten sind statistische Kennzahlen. Dazu zählen Lagemaße, auch „Maße der zentralen Tendenz" genannt, und ihre dazugehörigen Streuungsmaße. Zu den Lagemaßen gehören das Arithmetische Mittel für intervallskalierte und normalverteilte Variablen, der Median für ordinalskalierte und/oder nicht normalverteilte Daten und der Modalwert als passende Kennzahl für nominalskalierte Daten. Die dazugehörigen Streuungsmaße geben darüber Auskunft, wie sehr sich vorliegende Messwerte voneinander unterscheiden. Die Varianz- bzw. Standardabweichung (Quadratwurzel der Varianz) ist das passende Maß zum Arithmetischen Mittel. Der Quartilabstand ist das Streuungsmaß, welches zum Median gehört.

   Neben diesen beiden gibt es zusätzlich die sogenannte Spannweite (engl. Bezeichnung „Range") und die Perzentilwerte. Die Spannweite ist die Differenz der Ausdehnung zwischen Maximum und Minimum. Ihre Aussagekraft ist leider sehr beschränkt, da es keinerlei Angaben über dazwischenliegende Werte gibt.

   Die Perzentilwerte ermöglichen die Betrachtung von eingeschränkten Bereichen der Streuung, z. B. nur die mittleren 80 % der Werte. Damit wird die Ausblendung von Extremwerten möglich.

6.6 Übungsbeispiele

Überprüfen Sie Ihr Wissen und versuchen Sie, die fünf Übungsbeispiele zu lösen:

1. Wozu dienen deskriptivstatistische Methoden?
2. Was ist eine Kontingenztafel und welche Zwecke kann sie erfüllen?
3. Welche grafischen Darstellungsmöglichkeiten der Daten wurden in diesem Kapitel diskutiert und für welche Daten sind sie geeignet?
4. Welche Lagemaße kennen Sie? Beschreiben Sie diese kurz.
5. Welche Streuungsmaße kennen Sie? Beschreiben Sie diese kurz.

Die Lösungen zu den Übungsbeispielen finden Sie im Anhang auf Seite 174 ff.

7 Schluss von der Stichprobe auf die Population

Normalerweise ist die bloße **Beschreibung einer Stichprobe** nicht das, was wirklich interessiert. Nehmen Sie manchmal, wenn Sie Spaghetti kochen, eine einzelne Nudel aus dem Topf und probieren, ob sie schon weich genug ist? Und sind Sie daran interessiert zu erfahren, ob diese einzelne Nudel essfertig ist, oder benutzen Sie sie nicht viel mehr als Stichprobe, um auf den Rest der Teigwaren im Topf – die Grundgesamtheit Ihrer Nudeln – zu schließen?

Dabei könnte es geschehen, dass Sie zufälligerweise eine Nudel herausfischen, die als einzige ausreichend gar ist, aus welchen Gründen auch immer. Nehmen wir an, Sie haben die im Topf befindlichen Nudeln immer ausreichend umgerührt, das Wasser im Topf kocht gleichmäßig, die einzelnen Nudeln sind in puncto Zusammensetzung der Teigmasse und hinsichtlich ihrer Stärke vergleichbar usw., dann ist es allerdings äußerst unwahrscheinlich, dass Ihre „Stichprobennudel" gar ist, die anderen aber noch nicht. Diese eine Nudel wird wohl repräsentativ für die Grundgesamtheit sein.

7.1 Alltags- und statistische Hypothesen

Im Alltagsleben stellen wir mehr oder minder ständig **Hypothesen** über das, was wir erleben und wie wir es erklären, auf, ohne uns dessen bewusst zu sein. „Wenn meine Stichprobennudel gar ist, werden wohl alle anderen auch gar sein", oder „Wer Armani-Anzüge trägt, verdient viel Geld", oder „Wer Universitätsprofessor ist, verfügt über einen hohen Intelligenzquotienten". Beispiele für derartige Alltagshypothesen sind leicht zu finden, und wir suchen und finden Erklärungsmodelle für unsere Entscheidungen und Bewertungen zumeist implizit. Wir legen nicht aufgrund transparenter, nachvollziehbarer Kriterien fest, was und aus welchem Grund wir für dermaßen richtig halten, dass wir unsere Entscheidungen darauf aufbauen.

Auch in der Statistik werden Entscheidungen aufgrund von Hypothesen getroffen. Allerdings unterscheiden sich diese Hypothesen in einigen wesentlichen Punkten gravierend von den eben besprochenen **Alltagshypothesen. Statistische Hypothesen** werden stets als „Hypothesenpaar" formuliert: Die sogenannte „**Nullhypothese**" steht der „**Alternativhypothese**" (auch Forschungshypothese genannt) gegenüber, und es ist die Aufgabe der Signifikanztests (Kapitel 8), diese Hypothesen zu überprüfen.

Die Nullhypothese „behauptet" meistens, dass es zwischen Gruppen oder Variablen keine Zusammenhänge oder Unterschiede gibt, die Alternativhypothese „behauptet" meistens, dass es Zusammenhänge oder Unterschiede gibt. Deshalb steckt das, was der Untersucher/die Untersucherin glaubt, normalerweise in der Alternativhypothese. Die meisten Alternativhypothesen machen Aussagen über Zusammenhänge, Unterschiede oder Veränderungen.

In unserem Fragebogen werden die Personen u. a. gefragt, wie viele Stunden pro Woche sie sich körperlich betätigen (C1.4) und für wie sportlich sie sich halten (C1.5). Nun könnte man die Forschungshypothese aufstellen, dass körperliche Bewegung und subjektive Einschätzung der eigenen Sportlichkeit zusammenhängen. Das wäre in diesem Fall also die Alternativhypothese. Die dazugehörende Nullhypothese behauptet inhaltlich das Gegenteil: Körperliche Bewegung und subjektive Einschätzung der eigenen Sportlichkeit hängen nicht zusammen.

Wichtig ist: Diese Hypothesen beziehen sich nicht auf die Stichprobe, sondern auf die dahinterstehende **Grundgesamtheit (Population)**, die in der Regel unbekannt ist – denn wären die Verhältnisse in der Grundgesamtheit bekannt, bräuchte man über sie auch keine hypothetischen Überlegungen („Hypothesen" eben ...) anzustellen! Denken Sie an das einführende Nudelbeispiel: Kontrolliert ein Koch jede einzelne Nudel aus dem Topf (= Population), braucht er keine Hypothesen über diese Population aufzustellen – er kennt sie ja in diesem Fall. Zieht er aber nur eine Stichprobe von sagen wir zwei Nudeln (das ist dann seine Stichprobe) und sind diese zwei Nudeln gar, so weiß er nicht mit Sicherheit, ob alle Nudeln ebenso wie diese zwei gezogenen Nudeln gar sind – hier würde er dann hypothesengeleitet vorgehen, indem er die Alternativhypothese „Die Nudeln der Population sind gar" versus die Nullhypothese „Die Nudeln der Population sind nicht gar" aufstellt.

Bisher haben wir uns allerdings noch keine Gedanken darüber gemacht, wie wir die „Garheit" messen können. Dazu könnten wir eine subjektive Skala von 0 („hart und ungenießbar") bis 5 („weich und ungenießbar") aufstellen, wobei ein Wert von 3 optimal wäre. Wir könnten also zehn Nudeln ziehen (Stichprobe), den Mittelwert der „Garheit" ausrechnen und hätten so die Garheit operationalisiert.

Operationalisierung

Möchte man etwas messbar machen, muss zunächst definiert werden, was gemessen werden soll. Bei der Körpergröße etwa ist das leicht machbar. Aber wie definiert man das Konstrukt „Romantische Liebe"? Man könnte sie beispielsweise als das Bedürfnis definieren, seinem Partner/seiner Partnerin rote Rosen zu schenken (ob das eine sinnvolle Definition ist, sei dahingestellt ...). Aber das allein reicht nicht aus. Es muss auch angegeben werden, durch welche beobachtbaren Ereignisse dieses Konstrukt erfasst, also gemessen werden kann. Etwa: Häufigkeit, mit der man der betreffenden Person rote Rosen schenkt. Hat man sich also auf eine Definition und messbare Ereignisse geeinigt, ist der Begriff „Romantische Liebe" messbar gemacht, er ist operationalisiert. Der Begriff „Romantische Liebe" wird operationalisiert durch die Häufigkeit, mit der man rote Rosen schenkt ...

Mittels der **Inferenzstatistik** werden also konkurrierende Hypothesen, die Null- und die Alternativhypothese, geprüft. Die Alternativhypothese kann auf zwei Arten formuliert werden: gerichtet oder ungerichtet. Ungerichtet ist eine Alternativhypothese, wenn keine Richtung des Zusammenhangs oder Unterschieds vorgegeben wird.

Alternativhypothese: „Männer und Frauen unterscheiden sich hinsichtlich ihres durchschnittlichen wöchentlichen Bewegungspensums."

Nullhypothese: „Männer und Frauen unterscheiden sich *nicht* hinsichtlich ihres durchschnittlichen wöchentlichen Bewegungspensums."

Gerichtet ist eine Alternativhypothese, wenn etwas über die Richtung des erwarteten Zusammenhangs oder Unterschieds ausgesagt wird, wie folgendes Beispiel zeigt.

Alternativhypothese: „Männer machen durchschnittlich mehr Bewegung als Frauen."

Nullhypothese: „Männer machen durchschnittlich weniger oder höchstens gleich viel Bewegung wie Frauen."

7.2   Statistischer Test

Wenn Hypothesen formuliert sind, muss ein Weg gefunden werden, um zu entscheiden, welche der beiden konkurrierenden Hypothesen für „wahr" gehalten wird. „Wahr" heißt: Was wird wohl in der Population gelten? In der Population, die wir nicht kennen! Da wir die Population also nicht kennen, können Aussagen über sie **nicht mit Sicherheit** getroffen werden. Man könnte sagen: Ein Befund, der an einer Stichprobe erhoben wurde, soll auf seine **Allgemeingültigkeit** – über die konkrete Stichprobe hinaus – überprüft werden.

Ein statistischer Test ist das Mittel, um diese **Prüfung auf Allgemeingültigkeit** vorzunehmen. Es gibt mehrere Arten statistischer Tests. Nachdem statistische Hypothesen formuliert und ein Untersuchungsdesign festgelegt wurden, bietet sich folgende Grundstruktur an:
1. Erhebung empirischer Daten, eben z. B. durch Ausfüllen von Fragebogen
2. Berechnung von Statistiken aus diesen Daten (Stichprobenkennwerte), wie beispielsweise Mittelwerte
3. „Verpackung" dieser Stichprobenkennwerte nach bestimmten Regeln in bestimmte Formeln. Was dabei herauskommt, ist eine sogenannte „Teststatistik".
4. Berechnung, wie wahrscheinlich diese oder eine extremere Teststatistik ist, unter der Annahme, dass in der Population die Nullhypothese gilt
5. Wenn diese Wahrscheinlichkeit gering ist, „glaubt" man an die Alternativhypothese; wenn diese Wahrscheinlichkeit groß ist, „glaubt" man weiterhin an die Nullhypothese.

In unserem Fragebogen wird neben dem Geschlecht (C1.1) auch erhoben, wie viele Stunden körperliche Bewegung die Befragten machen (C1.4). Wir vermuten im Vorfeld, dass sich Männer und Frauen durchschnittlich hinsichtlich des Bewegungspensums unterscheiden, und formulieren deshalb ein Hypothesenpaar.

Alternativhypothese: „Männer und Frauen unterscheiden sich hinsichtlich ihres durchschnittlichen Bewegungspensums."

Nullhypothese: „Männer und Frauen unterscheiden sich nicht hinsichtlich ihres durchschnittlichen Bewegungspensums."

Als Untersuchungsdesign ergibt sich die Fragebogenerhebung.

1. Die Daten werden erhoben, indem Personen gebeten werden, den Bogen auszufüllen.
2. Für die Gruppe der Männer und Frauen werden jeweils Mittelwerte berechnet, was ihr wöchentliches Bewegungspensum betrifft.
3. Aus diesen Mittelwerten wird eine *Teststatistik* berechnet. *Im Wesentlichen* werden die Mittelwerte der beiden Gruppen voneinander subtrahiert, und wenn *in der Population die Nullhypothese gelten* sollte (kein Unterschied zwischen Männern und Frauen), erwarten wir eigentlich, dass bei dieser Subtraktion der Stichprobenmittelwerte der Wert „Null" herauskommt – Werte weit entfernt von Null wären in diesem Fall doch unwahrscheinlich ... Wichtig ist, dass die so berechnete Teststatistik eine gewisse Auftretenswahrscheinlichkeit hat, die berechenbar ist. Genau das macht das Statistikprogramm. Diese Auftretenswahrscheinlichkeit heißt „Signifikanz" oder „p-Wert" (von lat. probabilitas: Wahrscheinlichkeit).
4. Dieser p-Wert gibt also die Wahrscheinlichkeit an, diese aus den empirischen Daten berechnete Teststatistik zu erhalten, wenn – und das ist wesentlich! – in der Population, die wir ja nicht kennen, die Nullhypothese gilt. Mit anderen Worten: „Der P-Wert ist die Wahrscheinlichkeit, mit der man sich irrt, wenn man die Nullhypothese ablehnt" (Sachs, 1999, S. 188).
5. Wenn diese Wahrscheinlichkeit gering ist, entscheidet man sich für die Alternativhypothese. Was heißt aber „gering"? Dafür wurden willkürliche Grenzen festgelegt, man spricht vom Signifikanzniveau „Alpha" (∞). Üblich sind Signifikanzniveaus von 5 %, 1 % und 0,1 %.

Wurde also vor der Untersuchung ein **Signifikanzniveau** von 5 % (oder: 0,05) festgelegt und beträgt der ermittelte p-Wert 0,02, so ist das Ergebnis auf dem 5 %-Niveau signifikant, was bedeutet, dass die Alternativhypothese angenommen wird. Mit anderen Worten: Höchstwahrscheinlich wird in der Population die Alternativhypothese gelten! Aber sicher wissen können wir es nicht, weshalb eine statistische Hypothese auch nicht streng bewiesen werden kann. Sicher wissen könnten wir es nur, wenn wir die Population kennen würden, aber dann bräuchten wir auch keine Hypothesen und somit auch keinen statistischen Test zur Überprüfung dieser Hypothesen!

Ermitteln wir einen p-Wert von p = 0,02, so ist das Ergebnis auf dem 5 %-Niveau signifikant, auf dem 1 %-Niveau nicht mehr.

Ermitteln wir einen p-Wert von p = 0,06, so ist das Ergebnis weder auf dem 5 %- noch auf dem 1 %- noch auf dem 0,1 %-Niveau signifikant (signifikant wäre es auf dem 10 %-Niveau – ein derart hohes Signifikanzniveau wird allerdings selten gewählt, da hier die Wahrscheinlichkeit, einen Fehler erster Art zu begehen, zu groß wäre).

7.3 Fehler erster und zweiter Art und die Macht eines Tests

In der „wirklichen" Welt gibt es also zwei Möglichkeiten: Es ist in der Population ein Effekt vorhanden, d. h. beispielsweise, dass sich die Männer und Frauen hinsichtlich ihres Bewegungspensums unterscheiden (dann gilt in der Population die Alternativhypothese), oder es ist kein Effekt vorhanden (Männer und Frauen unterscheiden sich nicht – es gilt die Nullhypothese). Die Inferenzstatistik ermöglicht uns eine Aussage darüber, wie wahrscheinlich die aus den Daten berechnete Teststatistik ist, unter der Annahme, dass in der Population die Nullhypothese gilt – oder, nicht ganz korrekt und etwas „salopp" formuliert: welcher der beiden Fälle (Null- oder Alternativhypothese) vermutlich in der Population gelten wird („wahr" ist). Da wir aber aufgrund der Stichprobenergebnisse nicht sicher wissen können, was „wahr" ist, kann die Annahme der Alternativhypothese entweder richtig oder falsch sein (und umgekehrt gilt das natürlich auch für die Nullhypothese). Somit können zwei Fehler passieren:

Ein **Fehler erster Art** (oder Alpha-Fehler) passiert, wenn wir an einen Unterschied (oder allgemein: Effekt) in der Population glauben, also die Alternativhypothese annehmen, obwohl sie (in der Population) nicht gilt.

Ein **Fehler zweiter Art** (oder Beta-Fehler) passiert, wenn wir annehmen, es gäbe keinen Effekt in der Population, also die Nullhypothese beibehalten, obwohl sie (in der Population) nicht gilt.

Diese Möglichkeiten korrekter und falscher Entscheidungen sind gut in einem Vierfelderschema darstellbar (Tabelle 7.1).

Tab. 7.1: Testentscheidung und Wirklichkeit

		In der „Wirklichkeit" gilt:	
		Nullhypothese	Alternativhypothese
Testentscheidung	Nullhypothese	Korrekte Entscheidung	Beta-Fehler
	Alternativhypothese	Alpha-Fehler	Korrekte Entscheidung

Es ist wichtig, zwischen einem konkreten, aus den Daten berechneten **p-Wert** und dem vor der Datenerhebung festgelegten **Signifikanzniveau Alpha** zu unterscheiden. Letzteres ist eine willkürlich bestimmte Grenze, die angibt, wie hoch die Wahrscheinlichkeit dafür höchstens sein darf, sich zu irren, wenn man die Alternativhypothese annimmt. Für diese Festlegung benötigt man noch keine konkreten Daten! Der konkrete p-Wert wird aus den Stichprobendaten berechnet und gibt die Wahrscheinlichkeit an, sich zu irren, wenn man die Alternativhypothese annimmt. Diese Wahrscheinlichkeit darf das vorher festgelegte Signifikanzniveau nicht überschreiten. Je mehr man sich davor schützen möchte, eine falsche

Alternativhypothese anzunehmen, desto strenger muss das Signifikanzniveau gewählt werden (man setzt also die Grenze dann nicht bei 5 %, sondern bei 1 % oder gar 0,1 % an). Der Nachteil dabei ist, dass mögliche **Effekte** größer sein müssen, damit ein konkreter p-Wert erreicht wird, um diese dann strengeren Signifikanzgrenzen zu „unterschreiten". Auf der anderen Seite kann das Signifikanzniveau auch nicht allzu streng gewählt werden, weil dann ein Effekt, sollte er in der Population tatsächlich vorhanden sein, leicht unentdeckt bleiben kann. Per Konvention sollte der Fehler zweiter Art nicht größer sein als 20 %. Diese Grenze bezeichnet man als Beta-Fehlerniveau.

Mit anderen Worten:

Angenommen, in der Population existiert kein Effekt (es gilt also die Nullhypothese): Wenn die gleiche Untersuchung hundertmal unabhängig voneinander durchgeführt wird, können wir erwarten, dass wir uns – bei einem Alpha-Fehler-Niveau von 5 % – in circa fünf von diesen hundert Untersuchungen für die Annahme der Alternativhypothese entscheiden, obwohl in der Population die Nullhypothese gilt. Mit dieser Fehlerwahrscheinlichkeit müssen wir leben …

Angenommen, in der Population existiert ein Effekt: Wenn die gleiche Untersuchung hundertmal unabhängig voneinander durchgeführt wird, können wir erwarten, dass wir uns – bei einem Beta-Fehler-Niveau von 20 % – in circa zwanzig von diesen hundert Untersuchungen für die Beibehaltung der Nullhypothese entscheiden, obwohl in der Population die Alternativhypothese gilt. Auch mit dieser Fehlerwahrscheinlichkeit müssen wir leben … Das Beta-Fehler-Niveau ist allerdings nicht so leicht festzulegen wie das Alpha-Fehler-Niveau, da es von einer Reihe zumeist unbekannter Faktoren (wie etwa dem Populationsunterschied) abhängt.

Das Beta-Fehler-Niveau ist eng mit der sogenannten **Macht eines Tests**, seiner „**Power**", verbunden. Unter der Power versteht man das Vermögen, die „Kraft" eines statistischen Tests, eine in der Population gültige Alternativhypothese, auch zu erkennen. Im eben genannten Beispiel heißt das: Wenn wir in etwa zwanzig von hundert unabhängigen Untersuchungen die Nullhypothese fälschlich annehmen, nehmen wir in den restlichen achtzig Fällen eine korrekte Alternativhypothese an. Das ist die Power: In 80 % der Fälle entscheiden wir uns korrekterweise für die (richtige) Alternativhypothese.

Wenn das Ergebnis eines statistischen Tests, der zwei verschiedene Gruppen von Personen miteinander vergleicht (z. B. Männer und Frauen hinsichtlich ihrer Einstellung zu einem bestimmten Thema), signifikant ausfällt, heißt das also: Der Stichproben-Unterschied zwischen diesen beiden Gruppen wird höchstwahrscheinlich dadurch verursacht, dass es Unterschiede in den Populationen gibt!

7.4   Zusammenfassung des Kapitels

Die Inferenzstatistik verfolgt das Ziel, ausgehend von einer Stichprobe auf Verhältnisse in der Grundgesamtheit (Population) zu schließen. Dazu werden statistische Hypothesen formuliert: Die Nullhypothese behauptet zumeist, dass in der Population zwischen Gruppen oder Variablen keine Zusammenhänge bzw. Unterschiede bestehen. Die Alternativ- oder Forschungshypothese behauptet zumeist, dass es Zusammenhänge bzw. Unterschiede gibt.

Um eine Entscheidung darüber zu treffen, welche der beiden konkurrierenden Hypothesen für „wahr" gehalten wird (es handelt sich stets um Wahrscheinlichkeitsaussagen, da die Verhältnisse in der Population nicht bekannt sind), werden statistische Tests eingesetzt. Ein statistischer Test ist also das Mittel, um diese Prüfung auf Allgemeingültigkeit vorzunehmen. Das Ergebnis eines statistischen Tests ist der sogenannte „p-Wert". Dieser wird mit einem vorher festgesetzten Signifikanzniveau „Alpha" verglichen, das zumeist 5 % beträgt. Ist der aus den Daten ermittelte p-Wert kleiner oder gleich Alpha, wird zugunsten der Alternativhypothese entschieden, andernfalls wird die Nullhypothese beibehalten.

Da die Verhältnisse in der Population also unbekannt sind und nur aufgrund von Stichprobenresultaten entschieden wird, sind die getroffenen Aussagen unsicher – es handelt sich um Wahrscheinlichkeitssaussagen. Deshalb kann es zu Fehlentscheidungen kommen. Der Fehler 1. Art oder Alpha-Fehler resultiert daraus, wenn aufgrund des statistischen Tests zugunsten der Alternativhypothese entschieden wird, obwohl in der Population die Nullhypothese gilt. Der Fehler 2. Art oder Beta-Fehler resultiert daraus, wenn aufgrund des statistischen Tests zugunsten der Nullhypothese entschieden wird, obwohl in der Population die Alternativhypothese gilt.

Die Macht eines Tests, die Power, bezeichnet sein „Vermögen", einen in der Population bestehenden Effekt auch tatsächlich „aufzuspüren".

7.5   Übungsbeispiele

Überprüfen Sie Ihr Wissen und versuchen Sie, die fünf Übungsbeispiele zu lösen:

1. Erklären Sie den Unterschied zwischen Deskriptiv- und Inferenzstatistik.
2. Erklären Sie die Begriffe „Nullhypothese" und „Alternativhypothese".
3. Was ist der Unterschied zwischen dem Signifikanzniveau Alpha und dem p-Wert?
4. Was versteht man unter einem statistischen Test?
5. Was versteht man unter Fehlern erster und zweiter Art und unter der Power?

Die Lösungen zu den Übungsbeispielen finden Sie im Anhang auf Seite 176 f.

8 Statistische Tests

Die Deskriptivstatistik beschränkt sich darauf, Stichproben zu beschreiben – sie fragt nicht danach, ob ein ermitteltes Ergebnis verallgemeinerbar ist, d. h., ob das Ergebnis mit hoher Wahrscheinlichkeit auch in anderen vergleichbaren Stichproben zu finden ist. Oder allgemeiner: ob es sich bei dem Stichproben-Ergebnis um ein Charakteristikum der Population handelt.

Wie kann man aber etwas über eine Population aussagen, die man gar nicht kennt? Im vorigen Kapitel haben wir bereits festgestellt, dass ein sogenannter „statistischer Test" das Mittel ist, um diese Prüfung auf Allgemeingültigkeit durchzuführen (und wofür im Vorfeld ein Hypothesenpaar formuliert wird). Der statistische Test liefert das Kriterium dafür, ob man sich für die Null- oder die Alternativhypothese entscheidet.

Für die Wahl des Verfahrens (des statistischen Tests) stellt man sich zunächst folgende Fragen:
1. Handelt es sich um **unabhängige** oder um **abhängige Stichproben**?
2. Möchte man zwei oder mehr als zwei Stichproben **vergleichen**?
3. Auf welchem **Skalenniveau** wurden die interessierenden Merkmale erhoben?

Unabhängig sind Stichproben, wenn sie unterschiedliche Personen (allgemein: Objekte) enthalten. Daraus ergibt sich, dass zwei Stichproben – z. B. Männer und Frauen – unterschiedlich viele Personen enthalten, die Stichproben also verschieden groß sein können.

Abhängig sind Stichproben, wenn jeweils zwei oder mehrere Werte aus verschiedenen Stichproben eindeutig einander zugeordnet werden können. Das ist beispielsweise dann der Fall, wenn ein Merkmal an der gleichen Person mehrmals erhoben wird (etwa: zu Beginn, nach zwei Wochen und nach fünf Wochen) oder wenn es sich um sogenanntes „Matching" handelt. Ein Beispiel dafür: Man wählt für jeden Probanden einen nach Alter, Geschlecht und Schulbildung vergleichbaren weiteren Probanden aus und ordnet diese beiden einander zu.

Exkurs: Das Problem des multiplen Testens

Werden mehr als zwei Stichproben miteinander verglichen – z. B.: die Altersgruppen „bis 25 Jahre", „26 bis 30 Jahre" und „ab 31 Jahren" – und ergeben sich signifikante Unterschiede zwischen den Gruppen, wird von SPSS ein sogenannter globaler p-Wert ausgegeben. Das bedeutet: Zumindest zwei Gruppen unterscheiden sich signifikant, aber man weiß noch nicht, welche das sind. Deshalb werden oft Post-hoc-Tests durchgeführt, welche dann die Information liefern, welche Gruppen sich voneinander signifikant unterscheiden (siehe Kapitel 10).

Man könnte natürlich auch alle Gruppen paarweise miteinander vergleichen, was jedoch ein gravierendes Problem mit sich bringt: Aus Kapitel 7 wissen wir, dass der p-Wert die Wahrscheinlichkeit angibt, mit der man sich irrt, wenn man die Alternativhypothese annimmt. Diese Fehlerwahrscheinlichkeit ist durch das Signifikanzniveau Alpha begrenzt und beträgt üblicherweise höchstens 5 %. Das gilt, wenn ein einzelner statistischer

Test durchgeführt wird. Die **Fehlerwahrscheinlichkeit** erhöht sich jedoch mit der Anzahl durchgeführter Tests. Tabelle 8.1 zeigt, wie viele solcher paarweisen Vergleiche bei mehr als zwei Gruppen durchgeführt werden müssten: Hat man nur zwei Gruppen (z. B. Männer versus Frauen) zu vergleichen, muss natürlich nur ein Gruppenvergleich stattfinden, bei drei Gruppen (z. B.: Alter „bis 25 Jahre", „26 bis 30 Jahre" und „ab 31 Jahren") sind es schon drei Gruppenvergleiche („bis 25 Jahre" versus „26 bis 30 Jahre", „bis 25 Jahre" versus „ab 31 Jahren" und „26 bis 30 Jahre" versus „ab 31 Jahren") usw. Die Anzahl steigt rasant an. Damit verbunden ist ein Anstieg des Fehlers erster Art (Tabelle 8.2): Bei drei Tests beträgt diese Fehlerwahrscheinlichkeit (WKT) nicht mehr nur 5 %, sondern bereits knapp über 14 %, bei zehn Tests sind es schon rund 40 %. Es entsteht also ein sogenanntes „**Problem multiplen Testens**": Je mehr statistische Tests durchgeführt werden (also je mehr p-Werte berechnet werden), desto größer die Wahrscheinlichkeit, falsch signifikante Resultate zu erhalten (oder: Wer suchet, der findet!).

Tab. 8.1: Anzahl statistischer Tests (Gruppenvergleiche) bei mehr als zwei Gruppen

k	Vergleiche
2	1
3	3
4	6
5	10
6	15
7	21
8	28
9	36
10	45

Tab. 8.2: Anstieg des Fehlers erster Art bei mehreren statistischen Tests

Anzahl	WKT	Anzahl	WKT	Anzahl	WKT	Anzahl	WKT
1 Test	5,0	11 Tests	43,1	21 Tests	65,9	31 Tests	79,6
2 Tests	9,8	12 Tests	46,0	22 Tests	67,6	32 Tests	80,6
3 Tests	14,3	13 Tests	48,7	23 Tests	69,3	33 Tests	81,6
4 Tests	18,5	14 Tests	51,2	24 Tests	70,8	34 Tests	82,5
5 Tests	22,6	15 Tests	53,7	25 Tests	72,3	35 Tests	83,4
6 Tests	26,5	16 Tests	56,0	26 Tests	73,6	36 Tests	84,2
7 Tests	30,2	17 Tests	58,2	27 Tests	75,0	37 Tests	85,0
8 Tests	33,7	18 Tests	60,3	28 Tests	76,2	38 Tests	85,8
9 Tests	37,0	19 Tests	62,3	29 Tests	77,4	39 Tests	86,5
10 Tests	40,1	20 Tests	64,2	30 Tests	78,5	40 Tests	87,1

Für die Wahl des statistischen Tests hat auch das **Skalenniveau** der interessierenden Variablen Bedeutung und auch die Frage, ob sie normalverteilt sind, Bedeutung. Sind die interessierenden Variablen intervallskaliert und normalverteilt (bei einigen Testverfahren wird auch noch Varianzgleichheit vorausgesetzt), kommen sogenannte **parametrische Verfahren** zum Zug, andernfalls wählt man **parameterfreie Verfahren**, welche nur die Ranginformation verwenden (wie bei der Berechnung des Medians). In diesem Buch werden die in Tabelle 8.3 angeführten Verfahren besprochen.

Tab. 8.3: Statistische Tests

Anzahl der Stichproben	Art der Abhängigkeit	Skalen- niveau	Normal- verteilung	Verfahren
2	unabhängig	metrisch	ja	t-Test für unabhängige Stichproben
2	abhängig	metrisch	ja	t-Test für abhängige Stichproben
2	unabhängig	ordinal	nein	U-Test nach Mann & Whitney
2	abhängig	ordinal	nein	Wilcoxon-Test
> 2	unabhängig	metrisch	ja	Einfaktorielle Varianzanalyse (Kapitel 10)
> 2	abhängig	metrisch	ja	Einfaktorielle Varianzanalyse mit Messwiederholung (Kapitel 10)
> 2	abhängig	ordinal	nein	Friedman-Test

Ein weiteres Testverfahren, das am Ende dieses Kapitels besprochen werden wird, ist der Chi-Quadrat-Test. Dieser wird eingesetzt, wenn es sich um Häufigkeitsdaten handelt.

8.1 T-Test für unabhängige Stichproben

Es sollen zwei unabhängige Stichproben hinsichtlich der abhängigen Variable „Körper-Masse-Index" (bmi) verglichen werden. Als unabhängige Variable (**Gruppierungsvariable**) dient die Einschätzung der eigenen Sportlichkeit (C1.5). Da diese in den Ausprägungen von 0 % bis 100 % vorliegt, wird die Variable zunächst dichotomisiert. Wer sich als bis zu 40 % sportlich einschätzt, kommt in die Gruppe 0, der Rest in die Gruppe 1. Die so gebildete neue Gruppierungsvariable wird „Sportlichkeit dichotom" genannt und erhält den Variablennamen C1.5_1. Es muss also im ersten Schritt eine neue Variable C1.5_1 erstellt werden (das Umkodieren wurde bereits unter 5.2.6 erklärt – der folgende Punkt dient der Wiederholung dieser wichtigen SPSS-Funktion):

Transformieren – Umkodieren – In andere Variablen

Bringen Sie die Variable C1.5 in das Feld *Numerische Var. → Ausgabevar.*, geben Sie der neuen Variable den Namen *C1.5_1* und klicken Sie auf *Ändern*. Dann klicken Sie auf *Alte und neue Werte*, markieren das Feld *Bereich: Kleinster Wert bis* und geben den Wert *40* ein. Bei „neuer Wert" tragen Sie *0* ein und klicken auf *Hinzufügen*. Abschließend markieren Sie *Alle anderen Werte*, geben als neuen Wert *1* ein und klicken auf *Hinzufügen*. Schließen Sie mit einem Klick auf *Weiter* ab und starten die Umkodierung mit einem Klick auf *OK* (Abbildung 8.1). Es wird eine neue Variable C1.5_1 angelegt, die allen Fällen, welche einen Wert bis 40 angegeben haben, den neuen Wert *0* und allen anderen den Wert *1* zuweist. Nun haben wir eine dichotome Gruppierungsvariable erstellt. Vergeben Sie als Variablenlabel „Sportlichkeit dichotom" und als Wertelabel für 0: „gering" und für 1: „hoch".

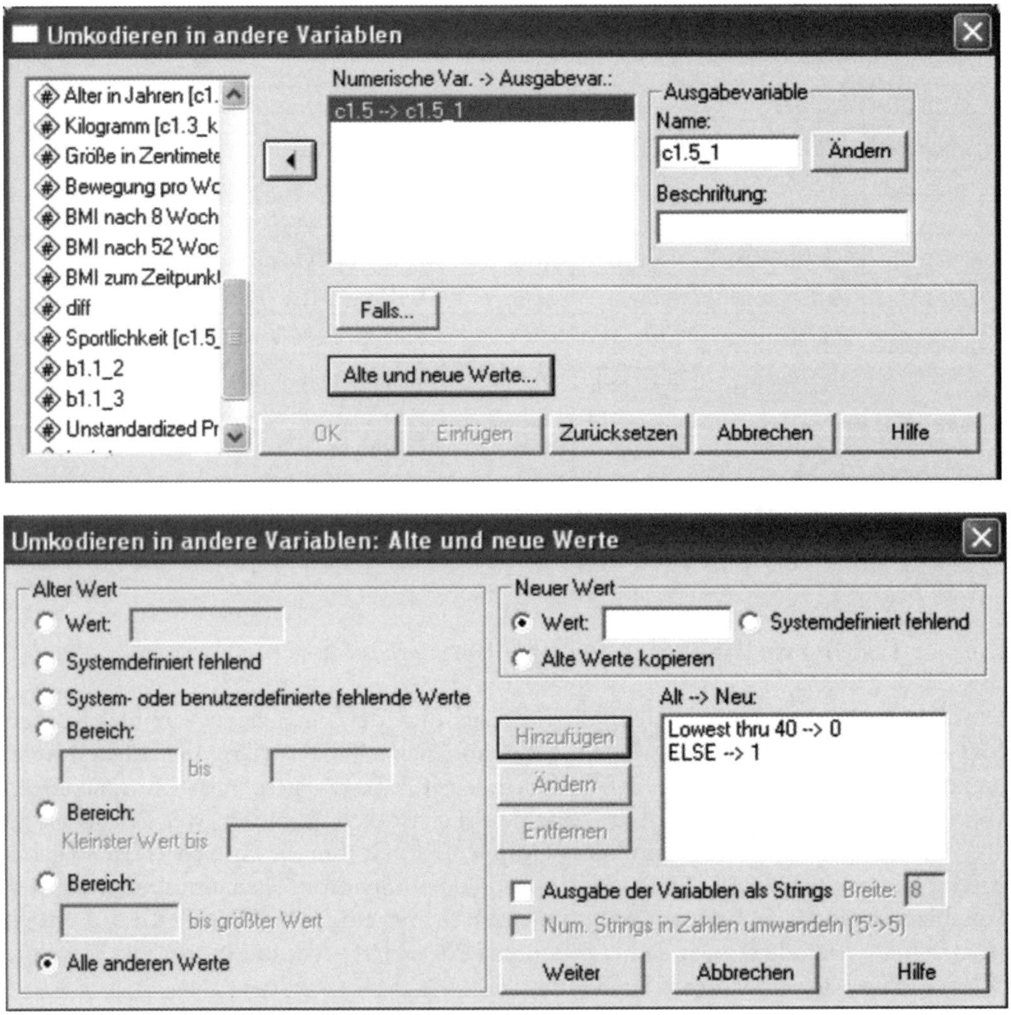

Abb. 8.1: Erstellen einer dichotomen Variable

Die abhängige Variable ist der Body-Mass-Index (Körpergewicht in kg, dividiert durch Größe in Meter zum Quadrat). Diesen berechnen Sie in SPSS folgendermaßen (Abb. 8.2):

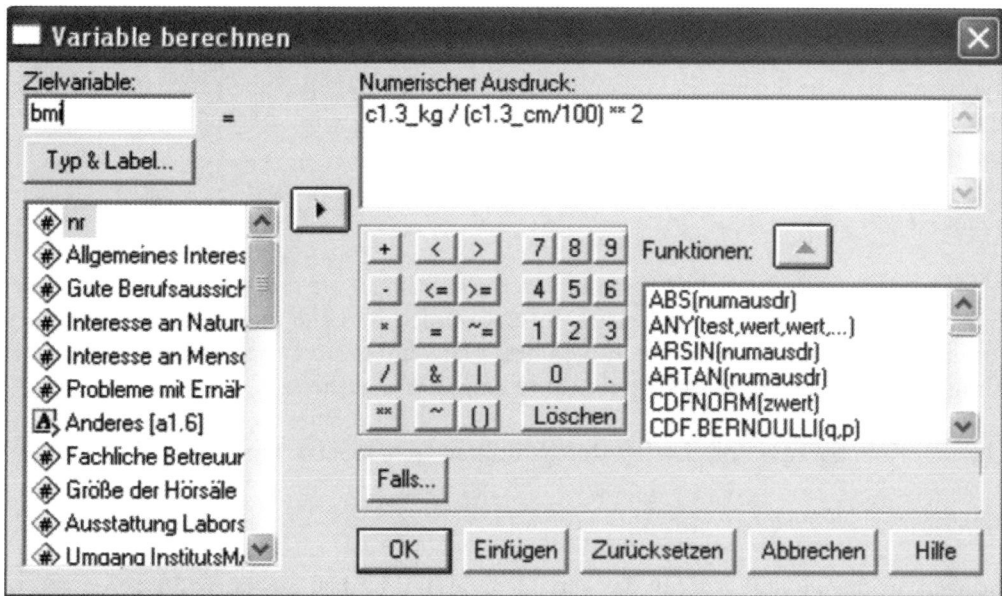

Abb. 8.2: Berechnen des BMI

Transformieren – Berechnen

Geben Sie in das Fenster den numerischen Ausdruck wie in Abbildung 8.2 ein und klicken Sie auf *OK* (die Variable C1.3_cm enthält die Körpergröße in cm, die Variable C1.3_kg das Körpergewicht in kg). Da die Körpergröße im Datenfile in Zentimetern vorhanden ist, für die Berechnung des BMI aber die Körpergröße in Meter notwendig ist, muss durch 100 dividiert werden.

Der t-Test für unabhängige Stichproben vergleicht die Mittelwerte zweier Stichproben. Die Messwerte müssen normalverteilt und die Varianzen in den beiden Stichproben homogen sein, d. h., die Varianzen dürfen sich **nicht signifikant** voneinander unterscheiden. Die ungerichtete Nullhypothese des unabhängigen t-Tests lautet: „Die Mittelwerte in den Populationen unterscheiden sich nicht." Und die dazu korrespondierende Alternativhypothese lautet: „Die Mittelwerte in den Populationen unterscheiden sich."

Aufgrund der strengen Voraussetzungen müssen die Daten vor Berechnung des t-Tests auf **Normalverteilung** (bei kleineren Stichproben vorzugsweise mit dem Kolmogorov-Smirnov-Test; siehe beispielsweise Bortz, 1999) geprüft werden (die Prüfung auf Normalverteilung muss für beide Gruppen erfolgen, weshalb die Datei zunächst nach der neuen Variable „Sportlichkeit dichotom" [C1.5_1] geteilt werden muss). Dies geschieht folgendermaßen:

Der **Kolmogorov-Smirnov-Test** (auch in der Schreibweise „Kolmogoroff-Smirnoff-Test" zu finden) ist ein verteilungsunabhängiger Test, der besonders bei kleinen Stichprobenumfängen Abweichungen von der Normalverteilung entdeckt. Er setzt stetige Verteilungen voraus, kann jedoch auch bei diskreten Verteilungen angewandt werden und prüft die Nullhypothese, dass die Stichprobe einer normalverteilten Grundgesamtheit entstammt, im Gegensatz zur Alternativhypothese, dass die Stichprobe nicht einer normalverteilten Grundgesamtheit entstammt. Gehen Sie in SPSS auf:

Daten – Datei aufteilen

Markieren Sie *Ausgabe nach Gruppen aufteilen* und bringen Sie die Variable *C1.5_1* in das Feld *Gruppen basierend auf.* Nach Klick auf *OK* werden nun alle folgenden Berechnungen für die beiden Gruppen getrennt ausgeführt (rechts unten im SPSS-Fenster erscheint der Hinweis *Datei aufteilen an* – bis Sie die Aufteilung wieder aufheben).

Um den Kolmogorov-Smirnov-Test durchzuführen, gehen Sie so vor:

Analysieren – Nichtparametrische Tests – K-S bei einer Stichprobe

Bringen Sie die Variable *BMI* in das Variablenfeld und klicken Sie auf *OK* (der K-S-Test ist voreingestellt). Tab. 8.4 zeigt den Output für die Gruppe „Sportlichkeit gering".

Tab. 8.4:   Output Kolmogorov-Smirnov-Test

Kolmogorov-Smirnov-Anpassungstest[c]

		BMI zum Zeitpunkt Fragebogen-vorgabe
N		14
Parameter der Normalverteilung[a, b]	Mittelwert	25,1705
	Standardabweichung	1,22169
Extremste Differenzen	Absolut	,155
	Positiv	,155
	Negativ	-,110
Kolmogorov-Smirnov-Z		,581
Asymptotische Signifikanz (2-seitig)		,888

a. Die zu testende Verteilung ist eine Normalverteilung.
b. Aus den Daten berechnet.
c. Sportlichkeit = gering

Die **Nullhypothese des K-S-Tests** lautet, dass die Variable in der Grundgesamtheit normalverteilt ist, weshalb hier ein nicht-signifikantes Ergebnis wünschenswert ist. Der p-Wert beträgt p = 0,888, sodass die Nullhypothese beibehalten werden kann. Für die Gruppe „Sportlichkeit hoch" beträgt der p-Wert p = 0,952. In beiden Gruppen kann von Normalverteilung in der Grundgesamtheit ausgegangen werden, womit auch diese Voraussetzung für den t-Test erfüllt ist. Heben Sie nun die Aufteilung der Datei wieder auf, indem Sie im Menü *Daten – Datei aufteilen* auf *Zurücksetzen* und anschließend auf *OK* klicken. Der Hinweis *Datei aufteilen an* verschwindet nun.

Jetzt kann der t-Test berechnet werden:

Analysieren – Mittelwerte vergleichen – t-Test bei unabhängigen Stichproben

Die Gruppenvariable ist in unserem Beispiel die Variable *Sportlichkeit dichotom (C1.5_1)* – ziehen Sie diese also in das Feld *Gruppenvariable*. Wenn Sie auf *Gruppen definieren* klicken, kommen Sie zu einem Dialogfeld, in dem die Werte für die jeweilige Gruppe angegeben werden müssen: *0* und *1*. Schließen Sie nun das Dialogfenster. Die Testvariable ist *BMI*. Klicken Sie auf OK, um den t-Test-Output zu erhalten (Tabellen 8.5 und 8.6 – der Output wurde aus Gründen der Übersichtlichkeit reduziert).

Tab. 8.5:   Output t-Test: Gruppenstatistiken

Gruppenstatistiken

	Sportlichkeit	N	Mittelwert	Standard-abweichung
BMI zum Zeitpunkt Fragebogenvorgabe	gering	14	25,1705	1,22169
	hoch	6	22,1192	1,41096

Tab. 8.6:   Output t-Test: Levene-Test und t-Test für die Mittelwertgleichheit

Test bei unabhängigen Stichproben

		Levene-Test der Varianzgleichheit		T-Test für die Mittelwertgleichheit		
		F	Signifi-kanz	T	df	Sig. (2-seitig)
BMI zum Zeitpunkt	Varianzen sind gleich	,102	,754	4,897	18	,000
Fragebogen-vorgabe	Varianzen sind nicht gleich			4,608	8,396	,002

Die Tabelle „**Gruppenstatistiken**" liefert deskriptivstatistische Resultate: Sie können hier ablesen, welche Mittelwerte und Standardabweichung die beiden Gruppen aufweisen. In der Gruppe „Sportlichkeit gering" beträgt der Mittelwert des BMI 25,17, in der Gruppe „Sportlichkeit hoch" sind es 22,12. Das eigentliche Ergebnis des t-Tests zeigt die Tabelle 8.6. Zuerst müssen Sie allerdings den Levene-Test der Varianzgleichheit betrachten, da er Information darüber liefert, ob davon ausgegangen werden kann, dass in der Grundgesamtheit der „Sportlichen" und „Nicht-Sportlichen" (diese Grundgesamtheiten werden durch unsere Dichotomisierung sozusagen „künstlich" erzeugt) die Varianzen gleich sind. Die Hypothesen lauten:

Nullhypothese: „Die Varianzen in den beiden Grundgesamtheiten sind gleich (homogen)."
Alternativhypothese: „Die Varianzen in den beiden Grundgesamtheiten sind nicht gleich (inhomogen)."

Wir hoffen, dass die Nullhypothese beibehalten werden kann, da andernfalls die Ergebnisse des t-Tests nicht interpretiert werden dürfen. Der p-Wert, der das Entscheidungskriterium dafür liefert, ist in der Spalte *Signifikanz* zu finden. Ist er größer als 0,05 (bzw. 5 %), wird die Nullhypothese beibehalten und der t-Test darf interpretiert werden, was hier der Fall ist: Der p-Wert des Levene-Tests beträgt p = 0,754. Deshalb schauen wir in der Zeile *Varianzen sind gleich* zum eigentlichen t-Test.

Für den t-Test wurde ebenfalls ein Hypothesenpaar formuliert, das sich auf mögliche Populationsunterschiede den mittleren BMI betreffend bezieht (jetzt geht es nicht mehr um das Hypothesenpaar des Levene-Tests, sondern um jenes des t-Tests!).

In der Spalte **Signifikanz** (das ist der p-Wert) ist abzulesen, ob die Stichproben-Differenz „überzufällig" ist oder nicht. Das heißt: Beträgt der p-Wert höchstens 5 %, ist die Stichproben-Differenz wahrscheinlich nicht mehr nur durch Zufall entstanden, sondern resultiert daher, dass die „Sportlichen" und „Nicht-Sportlichen" eigene Populationen bilden, die sich hinsichtlich des BMI tatsächlich unterscheiden. In unserem Beispiel ist das der Fall (p = 0,000), wir entscheiden uns also für die Annahme der Alternativhypothese.

8.2   T-Test für abhängige Stichproben

Nehmen wir an, alle Personen hätten nach dem Ausfüllen des Fragebogens ein Ernährungs- und Bewegungsprogramm durchgeführt und dann wäre ihr Gewicht nach acht Wochen ein zweites Mal erfasst und der BMI berechnet worden – wir hätten also einen „Vorher/Nachher-Vergleich" und somit eine „abhängige" Stichprobe (diese Daten sind in der Spalte *bmi_t2* des Datenfiles enthalten).

Es kann also eine **Differenz** berechnet werden (BMI zu den Zeitpunkten 1 und 2), und diese Differenz über alle Personen hat natürlich auch einen Mittelwert (den Mittelwert der Differenzen) (Tabelle 8.7). Wenn das Ernährungs- und Bewegungsprogramm keine Auswirkungen hätte, müsste diese Differenz eigentlich 0 sein: Das würden wir unter der Nullhypothese erwarten! Doch auch in diesem Fall werden wir nicht genau 0 beobachten, denn selbst wenn das Programm nichts bewirkt, bleiben die BMIs der Personen nicht zu den beiden Zeitpunkten identisch, Abweichungen von 0 wird es geben. Das (zweiseitig formulierte) Hypothesenpaar des abhängigen t-Tests lautet:

Nullhypothese: „Der ‚wahre' Mittelwert der Differenzen ist Null."
Alternativhypothese: „Der ‚wahre' Mittelwert der Differenzen ist ungleich Null."

Tab. 8.7: *Berechnung einer Differenz-Variable*

Person	Zeitpunkt 1	Zeitpunkt 2	Differenz
1	24,57	24,21	0,36
2	25,10	24,95	0,15
3	23,93	23,84	0,09
4	25,35	24,66	0,69
5	22,96	23,00	-0,04
		Mittelwert der Differenzen	0,25

Bei kleineren Stichprobenumfängen muss die Voraussetzung erfüllt sein, dass sich diese Differenzen in der Grundgesamtheit normalverteilen. Das können wir mit dem Kolmogorov-Smirnov-Test überprüfen. Dazu bilden Sie also eine neue Variable, welche die Differenzen zwischen Zeitpunkt 1 und Zeitpunkt 2 angibt:

Transformieren – Berechnen

Geben Sie der Zielvariable den Namen *diff* und schreiben Sie als numerischen Ausdruck *bmi – bmi_t2*. Durch Klicken auf *OK* wird nun eine Differenzvariable gebildet. Die Prüfung auf Normalverteilung geschieht mithilfe des Ihnen schon bekannten Kolmogorov-Smirnov-Tests. Die Nullhypothese lautet: „Die Differenzen in der Grundgesamtheit sind normalverteilt", die Alternativhypothese: „Die Differenzen in der Grundgesamtheit sind nicht normalverteilt". Berechnen Sie den K-S-Test, wie Sie es schon beim unabhängigen t-Test getan haben; bringen Sie die Variable *diff* in das Feld *Testvariablen* und klicken Sie auf *OK* (der Test auf Normalverteilung ist bereits voreingestellt).

Der Output zeigt einen p-Wert von 0,593, was zur **Beibehaltung der Nullhypothese** führt (Tabelle 8.8). Es kann also von Normalverteilung der Differenzen in der Grundgesamtheit ausgegangen werden, der t-Test für abhängige Stichproben darf berechnet werden.

Tab. 8.8: *K-S-Test für eine Differenzvariable*

Kolmogorov-Smirnov-Anpassungstest

		Diff
N		20
Parameter der Normalverteilung[a, b]	Mittelwert	,2061
	Standardabweichung	,47733
Extremste Differenzen	Absolut	,172
	Positiv	,172
	Negativ	-,098
Kolmogorov-Smirnov-Z		,770
Asymptotische Signifikanz (2-seitig)		,593

a. Die zu testende Verteilung ist eine Normalverteilung.
b. Aus den Daten berechnet.

Analysieren – Mittelwerte vergleichen – t-Test bei gepaarten Stichproben

Markieren Sie die beiden Variablen *BMI* und *BMI_t2*, sodass diese im Feld *Aktuelle Auswahl* erscheinen (die Reihenfolge, in der sie markiert werden, spielt keine Rolle), und klicken Sie sie anschließend in das Feld *Gepaarte Variablen*. Mit *OK* starten Sie die Berechnung.

Im Output *Statistik bei gepaarten Stichproben* erhalten Sie Mittelwert, Stichprobengröße und Standardabweichung für die beiden Zeitpunkte, im Output *Korrelation bei gepaarten Stichproben* die Korrelation der Wertereihen zu beiden Zeitpunkten.

In Tabelle 8.9 (*Test bei gepaarten Stichproben* – aus Gründen der Übersichtlichkeit wurde ein Teil des Outputs gelöscht) ist das eigentliche Resultat des t-Tests angegeben. *Mittelwert* ist der Mittelwert der Differenzen zu den beiden Zeitpunkten, *Standardabweichung* die entsprechende Standardabweichung, und in der Spalte *Signifikanz* ist abzulesen, ob sich zwischen den beiden Zeitpunkten eine signifikante Veränderung ergeben hat, was hier nicht der Fall ist (der p-Wert ist 0,068, was auf dem 5 %-Niveau nicht signifikant und somit zufällig ist). Das Diät- und Ernährungsprogramm hat also **keine überzufällige** (d. h. keine „signifikante") Veränderung gebracht.

Tab. 8.9: Output des t-Tests abhängig

Test bei gepaarten Stichproben

	Gepaarte Differenzen					
	Mittelwert	Standardabweichung	Standardfehler des Mittelwertes	T	df	Sig. (2-seitig)
Paaren 1 BMI nach 8 Wochen – BMI zum Zeitpunkt Fragebogenvorgabe	-,2061	,47733	,10673	-1,931	19	,068

8.3 U-Test nach Mann & Whitney

Im Fragebogen wurde erhoben, für wie sportlich man sich einschätzt, und zwar auf einer subjektiven Skala von 0 % („total unsportlich") bis 100 % („total sportlich"). Diese Einschätzung liegt höchstens auf einer **Ordinalskala**. Möchte man wissen, ob sich männliche und weibliche Studenten – genauer: die Populationen der männlichen und weiblichen StudentInnen – in der Selbsteinschätzung unterscheiden, wird auf den U-Test zurückgegriffen, da die Daten nicht zumindest intervallskaliert sind.

Der U-Test verlangt nicht, dass die Daten normalverteilt sind, weshalb die Annahme der Normalverteilung hier nicht geprüft werden muss.

Im Gegensatz zum t-Test werden hier nicht Mittelwerte verglichen, sondern die **Rangplätze**. Es werden alle Messwerte unabhängig von der Gruppe „männlich" oder „weiblich" in eine gemeinsame Rangreihe gebracht: Wenn beispielsweise alle Männer sich als unsportlicher einstufen würden, so wäre der höchste Rangplatz der Männer immer noch kleiner als der kleinste der Frauen. Dies sei illustriert (Tabelle 8.10): Nehmen wir an, wir haben zwei Stichproben von Männern (M) und Frauen (F). Die fiktiven Messwerte sind in Tabelle 8.10 dargestellt und der Größe nach gereiht. In diesem Extrembeispiel haben alle Männer kleinere Messwerte als die Frauen. Solch ein Extrem spricht für die Alternativhypothese, dass sich Männer und Frauen in Wahrheit tatsächlich unterscheiden.

Tab. 8.10: U-Test: Extrembeispiel

5	15	20	25	35	40	50	55	70	80
M	M	M	M	M	F	F	F	F	F

Es wird also – wenn wir von diesem Extrem absehen – eine Durchmischung der Ränge über die beiden Gruppen hinweg geben. Je stärker diese Durchmischung, desto mehr spricht das für die Nullhypothese: Die folgende Wertereihe zeigt eine starke Durchmischung, spricht also für die Nullhypothese (Tabelle 8.11).

Tab. 8.11: U-Test: Starke Durchmischung

5	15	20	25	35	40	50	·55	70	80
M	F	M	M	F	F	M	F	M	F

Das (ungerichtete) Hypothesenpaar des U-Tests lautet:

Nullhypothese: „Die ‚wahren' mittleren Rangplätze zwischen den beiden Gruppen unterscheiden sich nicht."
Alternativhypothese: „Die ‚wahren' mittleren Rangplätze zwischen den beiden Gruppen unterscheiden sich."

Analysieren – Nichtparametrische Tests – Zwei unabhängige Strichproben

Bringen Sie die Variable *C1.1* (das „Geschlecht") in das Feld *Gruppenvariable* und klicken Sie auf *Gruppen definieren*. Im folgenden Dialogfeld werden die entsprechenden Kodierungen eingegeben. Da in unserem Datenfile der Wert 0 für „männlich" und 1 für „weiblich" steht, werden diese Werte verwendet.

Die abhängige Variable *C1.5* („Einstufung der Sportlichkeit") kommt in das Feld *Testvariablen*. Klicken Sie nun auf den Button *Exakt*. Hier ist *Asymptotisch* voreingestellt – belassen Sie es dabei, vor allem, wenn es sich um größere Stichproben handelt. Die „exakte" Berechnung erfordert für größere Stichproben sehr viel Speicher.

Nach Klicken auf *OK* wird die Berechnung gestartet. Die Tabelle *Ränge* gibt Informationen über die Mittleren Ränge der beiden Gruppen – der U-Test prüft, ob dieser Unterschied in den Mittleren Rängen statistisch signifikant ist.

Tab. 8.12: U-Test: Ränge

Ränge

	Geschlecht	N	Mittlerer Rang	Rangsumme
Einstufung Sportlichkeit	männlich	10	8,85	88,50
	weiblich	10	12,15	121,50
	Gesamt	20		

Aus Tabelle 8.12 ist abzulesen, dass der Mittlere Rang der Männer 8,85 beträgt, jener der Frauen 12,15. Da ein höherer Wert eine höhere Ausprägung bedeutet (0 %: total unsportlich, 100 %: total sportlich), schätzen sich die Frauen im Mittel als sportlicher ein.

Das eigentliche Ergebnis des U-Tests sehen Sie in der Tabelle 8.13.

Tab. 8.13: U-Test: Signifikanzprüfung

Statistik für Test[b]

	Einstufung Sportlichkeit
Mann-Whitney-U	33,500
Wilcoxon-W	88,500
Z	−1,257
Asymptotische Signifikanz (2-seitig)	,209
Exakte Signifikanz [2*(1-seitig Sig.)]	,218[a]

a. Nicht für Bindungen korrigiert
b. Gruppenvariable: Geschlecht

Der **p-Wert beträgt 0,218** (wenn eine „exakte" Signifikanz angegeben ist, verwenden Sie diese), was bedeutet, dass der in der Stichprobe beobachtete Unterschied der Mittleren Ränge (8,85 versus 12,15) auf Zufall beruht und auf dem 5 %-Niveau **nicht signifikant** ist. Es wird also die Nullhypothese beibehalten: Männer und Frauen unterscheiden sich in Wirklichkeit nicht in der Einschätzung ihrer Sportlichkeit.

8.4 Wilcoxon-Test

Wir greifen wieder das Beispiel des t-Tests für abhängige Stichproben auf. Eine Voraussetzung des t-Tests war die Normalverteilung der Differenzen in der Grundgesamtheit. Nehmen wir für dieses Beispiel an, diese sei nicht gegeben. In diesem Fall oder wenn die Daten nur ordinalskaliert sind, wird der Wilcoxon-Test herangezogen. Er ist das Pendant des t-Tests für abhängige Stichproben, wird also angewandt, wenn von den Personen Messungen zu zwei Zeitpunkten vorhanden sind.

Beim Wilcoxon-Test werden die Wertpaardifferenzen gereiht, es werden also nur die Rangplätze der Differenzen betrachtet und nicht, wie beim t-Test für abhängige Stichproben, das Arithmetische Mittel der Differenzen.

Analysieren – Nichtparametrische Tests – Zwei verbundene Stichproben

Markieren Sie zunächst die Variable *BMI*, diese erscheint dann unterhalb des Variablenfeldes bei *Aktuelle Auswahl* bei *Variable 1*. Markieren Sie auch die Variable *bmi_t2* und bringen Sie die Variablen dann in das Feld *Ausgewählte Variablenpaare*. Der Wilcoxon-Test ist voreingestellt – starten Sie mit einem Klick auf *OK* die Berechnung.

Relevant ist folgender Output (Tabelle 8.14):

Tab. 8.14: Wilcoxon-Test: Signifikanzprüfung

Statistik für Test[b]

	BMI zum Zeitpunkt Fragebogenvorgabe – BMI nach 8 Wochen
Z	-1,643[a]
Asymptotische Signifikanz (2-seitig)	,100

a. Basiert auf negativen Rängen
b. Wilcoxon-Test

Da der p-Wert mit p = 0,1 nicht signifikant ist, wird die Nullhypothese der Nichtveränderung des BMI beibehalten.

8.5 Friedman-Test

Im Datenfile sind die Variablen *B1.1* („Wohnzufriedenheit"), *B1.1_2* („Wohnzufriedenheit nach acht Wochen") und *B1.1_3* („Wohnzufriedenheit nach zwölf Wochen") vorhanden. Es wurde die Wohnzufriedenheit also zu drei Zeitpunkten auf Ordinalskalenniveau erfasst. Wir möchten nun wissen, ob sich die Einschätzung der Wohnzufriedenheit zwischen den drei Zeitpunkten verändert hat. Liegen bei abhängigen Daten Messungen auf Ordinalskalenniveau zu mehr als zwei Zeitpunkten vor, kommt der Friedman-Test zur Anwendung.

Wie beim Wilcoxon-Test werden hier nur die Rangreihen betrachtet. Das (ungerichtete) Hypothesenpaar lautet:

Nullhypothese: „Die Wohnzufriedenheit ist über alle Zeitpunkte unverändert.“
Alternativhypothese: „Die Wohnzufriedenheit ist zumindest zu zwei Zeitpunkten verschieden.“

Analysieren – Nichtparametrische Tests – K verbundene Stichproben

Bringen Sie die Variablen *B1.1*, *B1.1_2* und *B1.1_3* in das Variablenfeld und klicken Sie auf *OK* (der Friedman-Test ist voreingestellt). Sie erhalten folgenden Output.

Tab. 8.15: Friedman-Test: Ranginformation

Ränge

	Mittlerer Rang
Wohnsituation	2,03
B1.1_2	1,95
B1.1_3	2,03

Tab. 8.16: Friedman-Test: Signifikanzprüfung

Statistik für Test[a]

N	20
Chi-Quadrat	,087
df	2
Asymptotische Signifikanz	,957

a. Friedman-Test

Zunächst werden die Mittleren Ränge zu den drei Zeitpunkten angeführt (Tab. 8.15). Wir sehen, dass sie sich kaum unterscheiden. Das eigentliche Ergebnis des Friedman-Tests ist in Tabelle 8.16 dargestellt. Da der p-Wert mit p = 0,957 deutlich über dem Signifikanzniveau liegt, wird die Nullhypothese „Es gibt keinen Unterschied in der Wohnzufriedenheit zwischen den drei Zeitpunkten“ beibehalten – die Unterschiede in den mittleren Rangsummen sind also rein zufällig.

Mittlere Ränge

Betrachten wir die Daten der ersten vier Probanden. Die erste Person gab beim ersten Zeitpunkt die Bewertung „6“, beim zweiten Zeitpunkt die Bewertung „4“ und beim dritten die Bewertung „3“ ab. Bei der zweiten Person blieben die Bewertungen bei den ersten beiden Zeitpunkten gleich, beim dritten Zeitpunkt kam es zu einer deutlichen Verschlechterung.

Tab. 8.17: Friedman-Test: Mittlere Ränge

ID	B1.1	B.1_2	B.1_3
1	6	4	3
2	5	5	1
3	3	2	2
4	4	3	1

Für den Friedman-Test werden nun pro Person **Rangplätze** vergeben. Für die erste Person bedeutet dies: Die Bewertung zum Zeitpunkt 3 erhält den Rangplatz 1, jene zum Zeitpunkt 2 den Rangplatz 2 und die Bewertung zum ersten Zeitpunkt den Rangplatz 3. Für die zweite Person gilt: Die Bewertung zum Zeitpunkt 3 erhält den Rangplatz 1, und da die Bewertungen zu den Zeitpunkten 2 und 1 gleich sind, müssen sogenannte „Bindungen" vergeben werden. Die Rangplätze 2 und 3 werden addiert und durch die Anzahl der Rangplätze dividiert: Rangplatz 2 plus Rangplatz 3 dividiert durch 2 = 2,5.

Tab. 8.18: Friedman-Test

ID	B1.1	B.1_2	B.1_3
1	3	2	1
2	2,5	2,5	1
3	3	1,5	1,5
4	3	2	1

Unter der Nullhypothese, dass kein Unterschied in den Bewertungen zu den drei Zeitpunkten vorliegt, müssten sich diese Rangplätze innerhalb der Personen zufällig verteilen. Addiert man nun die Rangplätze pro Spalte, müssten also die Rangsummen sehr ähnlich sein. SPSS berechnet die mittleren Rangsummen – das sind die Rangsummen, dividiert durch die Anzahl der Personen.

8.6 Vierfelder-Chi-Quadrat-Test

Für das Beispiel des t-Tests für unabhängige Stichproben wurde die Stichprobe anhand der Variable C1.5 („Einschätzung der Sportlichkeit") dichotomisiert (die so neu erstellte Variable wurde C1.5_1 benannt). Wir wollen überprüfen, ob sich Männer und Frauen hinsichtlich der Sportlichkeit unterscheiden. Beide Variablen („Sportlichkeit" und „Geschlecht") sind dichotom, haben also jeweils nur zwei Ausprägungen.

Eine **Kreuztabelle** ist geeignet, einen möglichen Zusammenhang zwischen zwei kategorialen Variablen darzustellen. Wir wollen nun eine sogenannte Vierfeldertafel in SPSS erzeugen:

Analysieren – Deskriptive Statistiken – Kreuztabellen

Bringen Sie die Variable *Geschlecht* (*C1.1*) in das Zeilenfeld, die Variable *C1.5_1* (*Sportlichkeit* dichotomisiert) in das Spaltenfeld, und klicken Sie auf *OK*.

Tab. 8.19: Vierfeldertafel

		Sportlichkeit		
		gering	hoch	Gesamt
Geschlecht	männlich	8	2	10
	weiblich	6	4	10
Gesamt		14	6	20

Wir sehen, dass von den zehn Männern sich acht als wenig sportlich und zwei als sehr sportlich eingestuft haben. Bei den Frauen ist das Verhältnis 6 : 4. Insgesamt haben sich vierzehn von den zwanzig Personen als wenig und sechs als sehr sportlich eingestuft.

Der Vierfelder-Chi-Quadrat Test überprüft nun die **Nullhypothese**, dass zwischen den beiden Variablen Unabhängigkeit besteht. Dazu wird berechnet, welche Zellenbesetzung unter der Nullhypothese zu erwarten ist, und diese erwarteten Häufigkeiten werden den in der Stichprobe beobachteten Häufigkeiten gegenübergestellt. Je größer die Abweichungen zwischen Erwartung und Beobachtung sind, desto stärker spricht das für die Alternativhypothese, dass zwischen den beiden Variablen Abhängigkeit besteht. Die Nullhypothese behauptet Unabhängigkeit, die Alternativhypothese behauptet Abhängigkeit.

Beobachtete und erwartete Werte

Die Wahrscheinlichkeit, mit einer Münze „Kopf" zu werfen, beträgt 1/2. Wenn die Nullhypothese, dass die Münze nicht manipuliert ist, stimmt, müssten Sie bei hundert Würfen genau fünfzig Mal „Kopf" und fünfzig Mal „Zahl" werfen. Der erwartete Wert für „Kopf" beträgt also „50". Mit ziemlich hoher Wahrscheinlichkeit werden Sie aber Abweichungen feststellen, wenn Sie tatsächlich hundertmal werfen (45 : 55 oder 48 : 52 usw.). Diese hundert Würfe sind ja nur eine Stichprobe aus dem unendlichen Universum aller möglichen Würfe. Mit dem Chi-Quadrat-Test könnten Sie nun statistisch überprüfen, ob diese beobachteten Abweichungen vom theoretischen Erwartungswert noch im Bereich des Zufalls liegen oder schon überzufällig sind – in letzterem Fall würden Sie die Alternativhypothese, dass die Münze manipuliert ist, annehmen.

Kehren wir nun zum Beispiel zurück. Klicken Sie auf den Button *Statistik* und markieren Sie das Feld *Chi-Quadrat*. Nach der Berechnung erhalten Sie folgenden Output:

Tab. 8.20: Vierfeldertafel: Signifikanzprüfung

Chi-Quadrat-Tests

	Wert	df	Asymptotische Signifikanz (2-seitig)	Exakte Signifikanz (2-seitig)	Exakte Signifikanz (1-seitig)
Chi-Quadrat nach Person	,952[b]	1	,329		
Kontinuitätskorrektur[a]	,238	1	,626		
Likelihood-Quotient	,966	1	,326		
Exakter Test nach Fisher				,628	,314
Zusammenhang linear-mit-linear	,905	1	,342		
Anzahl der gültigen Fälle	20				

a. Wird nur für eine 2x2-Tabelle berechnet.
b. 2 Zellen (50,0%) haben eine erwartete Häufigkeit kleiner 5. Die minimale erwartete Häufigkeit ist 3,00.

Betrachten Sie zunächst die Fußnoten: Zwei Zellen haben eine erwartete Häufigkeit kleiner 5. Damit ist eine Voraussetzung des Chi-Quadrat-Tests verletzt. In diesem Fall interpretieren Sie den p-Wert in der Zeile **Exakter Test nach Fisher** – dieser ist mit p = 0,628 nicht signifikant, weshalb die Nullhypothese beibehalten wird: Es besteht Unabhängigkeit zwischen Geschlecht und sportlicher Einschätzung.

Nehmen wir nun an, die Vierfelder-Tafel hätte folgendes Resultat gezeigt (Tab. 8.20):

Tab. 8.21: Vierfeldertafel: Ein hypothetisches Beispiel

Geschlecht * C1.5_1 Kreuztabelle

		C1.5_1		
		gering	hoch	Gesamt
Geschlecht	männlich	8	2	10
	weiblich	2	8	10
Gesamt		10	10	20

Hier haben null Zellen eine erwartete Häufigkeit kleiner 5 (Tabelle 8.22), weshalb der Chi-Quadrat-Wert nach Pearson interpretiert werden darf. Der p-Wert ist mit p = 0,007 signifikant, das heißt, die Alternativhypothese, dass Abhängigkeit zwischen den beiden Variablen besteht, wird angenommen. Betrachten Sie in der Vierfeldertafel die Hauptdiagonale (männlich/gering, weiblich/hoch): In dieser befinden sich insgesamt 16 der zwanzig Personen. Es besteht ein signifikanter Zusammenhang dergestalt, dass Männer sich als wenig, Frauen als hoch sportlich einstufen.

Tab. 8.22: Vierfeldertafel: Signifikanzprüfung des hypothetischen Beispiels

Vierfeldertafel: Signifikanzprüfung des hypothetischen Beispiels

	Wert	df	Asympto-tische Sig-nifikanz (2-seitig)	Exakte Signifikanz (2-seitig)	Exakte Signifikanz (1-seitig)
Chi-Quadrat nach Person	7,200[b]	1	,007		
Kontinuitätskorrektur[a]	5,000	1	,025		
Likelihood-Quotient	7,710	1	,005		
Exakter Test nach Fisher				,023	,012
Zusammenhang linear-mit-linear	6,840	1	,009		
Anzahl der gültigen Fälle	20				

a. Wird nur für eine 2x2-Tabelle berechnet.
b. 0 Zellen (,0 %) haben eine erwartete Häufigkeit kleiner 5. Die minimale erwartete Häufigkeit ist 5,00.

8.7   Zusammenfassung des Kapitels

Es werden unterschiedliche statistische Tests eingesetzt, um Entscheidungen zwischen einer Null- und einer Alternativhypothese zu treffen. Dabei sind vor allem das Skalenniveau der Daten, die Verteilungsform, die Anzahl der Stichproben sowie die Frage, ob es sich um abhängige oder unabhängige Daten handelt, zu berücksichtigen.

Der t-Test für unabhängige Stichproben vergleicht die Mittelwerte zweier unabhängiger Stichproben miteinander. Ein Beispiel: Eine Stichprobe von Frauen wird mit einer Stichprobe von Männern hinsichtlich des durchschnittlichen BMI verglichen. Der U-Test nach Mann & Whitney wird eingesetzt, wenn die Voraussetzungen des t-Tests nicht erfüllt sind – auch dieser vergleicht zwei unabhängige Stichproben miteinander, allerdings untersucht er nicht die Arithmetischen Mittel, sondern die mittleren Ränge.

Der t-Test für abhängige Stichproben wird meistens für Vorher-Nachher-Vergleiche eingesetzt: An denselben Personen werden Daten zu zwei Zeitpunkten erhoben. Mittels des abhängigen t-Tests wird untersucht, ob es im Mittel zu Veränderungen gekommen ist.
Der Wilcoxon-Test ist die Alternative für den abhängigen t-Test, wenn dessen Voraussetzungen nicht erfüllt sind. Es werden auch hier zumeist Vorher-Nachher-Vergleiche angestellt, allerdings werden nur Ranginformationen genutzt und nicht das Arithmetische Mittel der Differenzen wie beim abhängigen t-Test.

Der Friedman-Test wird verwendet, wenn abhängige Daten von Personen zu mehr als zwei Zeitpunkten vorliegen. Wilcoxon-Test und Friedman-Test behandeln Daten auf Ordinalskalenniveau bzw. im Fall nicht gegebener Verteilungsvoraussetzungen.

Der Vierfelder-Chi-Quadrat-Test wird eingesetzt, wenn zwei dichotome Variablen vorliegen. Man überprüft die Nullhypothese, dass zwischen den beiden Variablen Unabhängigkeit besteht, dass sie also nicht miteinander assoziiert sind.

8.8 Übungsbeispiele

Überprüfen Sie Ihr Wissen und versuchen Sie, die fünf Übungsbeispiele zu lösen:

1. Sie haben vor der Fragebogenerhebung die Hypothese aufgestellt, dass zwischen jenen, die an gute Berufsaussichten nach dem Studium glauben, und jenen, auf die das nicht zutrifft, ein Unterschied hinsichtlich des Alters besteht. Formulieren Sie die entsprechenden Hypothesen, prüfen Sie auf Normalverteilung und berechnen Sie mittels SPSS einen t-Test für unabhängige Stichproben (Signifikanzniveau Alpha = 5 %).
2. Erläutern Sie das Prinzip des U-Tests nach Mann & Whitney.
3. Es wurde der Zusammenhang zwischen dem Geschlecht und der Antwort auf das Item „Persönliche Probleme mit der Ernährung" (A1.5) untersucht. Das Signifikanzniveau Alpha beträgt 5 %. Es resultieren folgende SPSS-Outputs:

Tab. 8.23: Vierfelder-Tafel

Probleme mit Ernährung * Geschlecht Kreuztabelle

		Geschlecht		Gesamt
		männlich	weiblich	
Probleme mit Ernährung	nein	7	2	9
	ja	3	8	11
Gesamt		10	10	20

Tab. 8.24: Vierfelder-Chi-Quadrat-Test

Vierfelder-Chi-Quadrat-Test

	Wert	df	Asymptotische Signifikanz (2-seitig)	Exakte Signifikanz (2-seitig)
Chi-Quadrat nach Person	5,051[b]	1	,025	
Kontinuitätskorrektur[a]	3,232	1	,072	
Likelihood-Quotient	5,300	1	,021	
Exakter Test nach Fisher				,070
Zusammenhang linear-mit-linear	4,798	1	,028	
Anzahl der gültigen Fälle	20			

a. Wird nur für eine 2x2-Tabelle berechnet

b. 2 Zellen (50,0 %) haben eine erwartete Häufigkeit kleiner 5. Die minimale erwartete Häufigkeit ist 4,50.

Wie lautet das zweiseitige Hypothesenpaar? Wie sind die Ergebnisse zu interpretieren?

4. Es wurde untersucht, ob Personen, die angaben, persönliche Probleme mit der Ernährung zu haben (A1.5), ihre Sportlichkeit (C1.5) anders einstuften als die Personen, die keine persönlichen Probleme mit der Ernährung haben. Das Signifikanzniveau Alpha beträgt 1 %. Es resultieren folgende SPSS-Outputs:

Tab. 8.25: Mittlere Ränge

Ränge

	Probleme mit Ernährung	N	Mittlerer Rang	Rangsumme
Einstufung Sportlichkeit	nein	9	8,06	62,50
	ja	11	12,50	137,50
	Gesamt	20		

Tab. 8.26: U-Test

Statistik für Test[b]

	Einstufung Sportlichkeit
Mann-Whitney-U	27,500
Wilcoxon-W	72,500
Z	-1,685
Asymptotische Signifikanz (2-seitig)	,092
Exakte Signifikanz [2*(1-seitig Sig.)]	,095[a]

a. Nicht für Bindungen korrigiert
b. Gruppenvariable: Probleme mt Ernährung

Wie lautet das zweiseitige Hypothesenpaar? Wie sind die Ergebnisse zu interpretieren?

5. Wann wird ein t-Test für abhängige Stichproben, wann ein Wilcoxon-Test angewandt?

Die Lösungen zu den Übungsbeispielen finden Sie im Anhang auf Seite 177 f.

9   Korrelation und Lineare Regression

Sehr oft werden in den Sozialwissenschaften Fragen nach Merkmalszusammenhängen gestellt, beispielsweise: Hängen das Geschlecht und die Einstellung zu sportlicher Tätigkeit zusammen oder sind diese beiden Variablen voneinander unabhängig? Hängen zwei Variablen zusammen, so bedeutet dies, dass die Ausprägung, die ein Proband auf der einen Variable aufweist, die Ausprägung auf der anderen Variablen mitbestimmt. Im idealen Fall, der in den Sozialwissenschaften allerdings nie vorkommt, ist der Zusammenhang perfekt: Aus der Kenntnis der Ausprägung einer Variablen kann die Ausprägung der anderen Variablen zu 100 % bestimmt werden. Solche Zusammenhänge werden „funktional" oder „deterministisch" genannt und sind etwa in der Mathematik oder Physik durchaus zu finden: Kenne ich den Radius eines Kreises, kenne ich auch dessen Umfang, da folgende Beziehung besteht: $U = 2r\pi$. Zeichnet man ein Streudiagramm mit dem Radius auf der x-, dem Umfang auf der y-Achse, resultiert eine perfekte Assoziation (Abbildung 9.1).

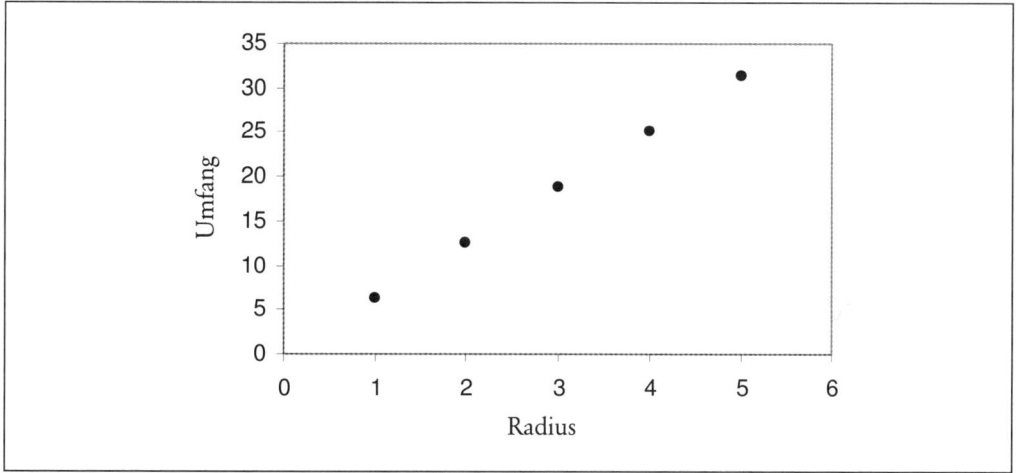

Abb. 9.1: Ein perfekter linearer Zusammenhang

Auch die Variablen „Kreativität" und „Intelligenz" hängen zusammen, sie korrelieren. Allerdings ist diese Korrelation nicht perfekt, es gibt eine nicht unerhebliche **Variabilität**. Dennoch wird ein Streudiagramm einen Zusammenhang zeigen, der etwa so aussehen könnte wie in Abbildung 9.2: Je intelligenter, desto kreativer. Einen derartigen Zusammenhang bezeichnet man als **„positiv"**. Höhere Werte auf der x-Achse gehen mit höheren Werten auf der y-Achse einher.

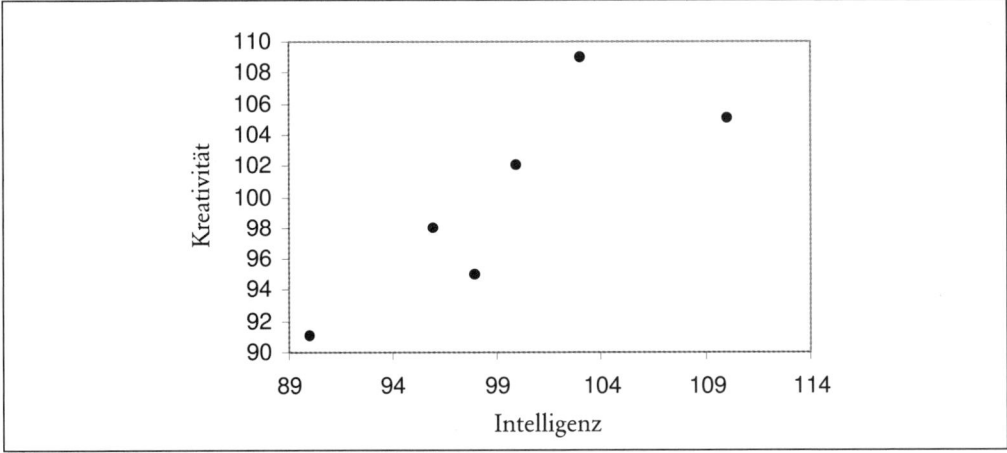

Abb. 9.2: Ein deutlicher, aber nicht perfekter positiver Zusammenhang

Zusammenhänge können auch „negativ" sein, wie in Abbildung 9.3 dargestellt:

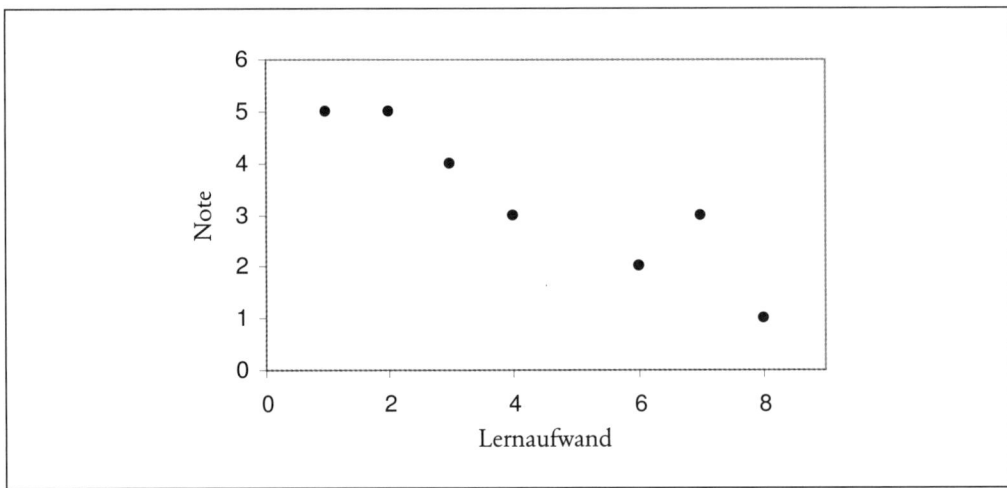

Abb. 9.3: Ein deutlicher, aber nicht perfekter negativer Zusammenhang

Ein Zusammenhang dieser Art wird als **„negativ"** bezeichnet: Ein höherer Wert auf der x-Achse geht mit einem niedrigeren Wert auf der y-Achse einher. „Positiv" und „negativ" sind also nicht wertend zu verstehen. Es wäre ja merkwürdig, wenn der Zusammenhang zwischen der Zeit, die man mit Lernen verbringt, und der Note positiv wäre (vorausgesetzt, eine höhere Note bedeutet schlechtere Leistungen), denn das würde bedeuten: Je mehr man lernt, desto schlechter wird die Note!

Je nach Skalenniveau der Daten und Verteilungsform sind unterschiedliche **Korrelations-arten** anzuwenden (Tabelle 9.1):

Tab. 9.1:   Einige Korrelationsarten

Beide Variablen metrisch und normalverteilt	Pearson Produkt-Moment-Korrelation
Zumindest eine Variable ordinalskaliert und/oder nicht normalverteilt	Spearman Rangkorrelation
Eine Variable metrisch und normalverteilt, eine Variable dichotom	Biseriale Korrelation

Der **Korrelationskoeffizient** liegt im Bereich –1 bis +1 und drückt aus, wie stark ein Zusammenhang ist und in welche Richtung er geht. Der in Abbildung 9.1 dargestellte perfekte Zusammenhang drückt sich in einem Korrelationskoeffizienten r von +1 aus, der in Abbildung 9.2 dargestellte Zusammenhang in einem r von +0,83 und der in Abbildung 9.3 dargestellte Zusammenhang resultiert in einem r von –0,92. Je näher der Korrelationskoeffizient dem Betrag nach bei 1 liegt, desto stärker der Zusammenhang.

9.1   Produkt-Moment-Korrelation

Wir möchten etwas über den (möglichen) Zusammenhang zwischen dem Alter (Variable C1.2) und dem Ausmaß an wöchentlicher körperlicher Bewegung (Variable C1.4) erfahren. Beide Variablen sind metrisch, der vorgeschaltete Kolmogorov-Smirnov-Test auf Normalverteilung (siehe Kapitel 8) deutet nicht auf Abweichungen von der Normalverteilung in der Grundgesamtheit hin.

Bevor Korrelationskoeffizienten berechnet werden, sollte man die Daten stets **grafisch** begutachten. Korrelationen können nämlich nur lineare Anteile eines Zusammenhangs aufdecken. Stellt sich ein Zusammenhang als nicht-linear heraus, sind die Korrelationstechniken ungeeignet. Ein Zusammenhang folgender Art ist nicht-linear: Mit steigenden x-Werten steigen auch die y-Werte, aber ab einer gewissen Höhe der x-Werte sinken die y-Werte wieder. Es handelt sich um einen deutlichen Zusammenhang, der aber **nicht linear** ist! (Abb. 9.4)

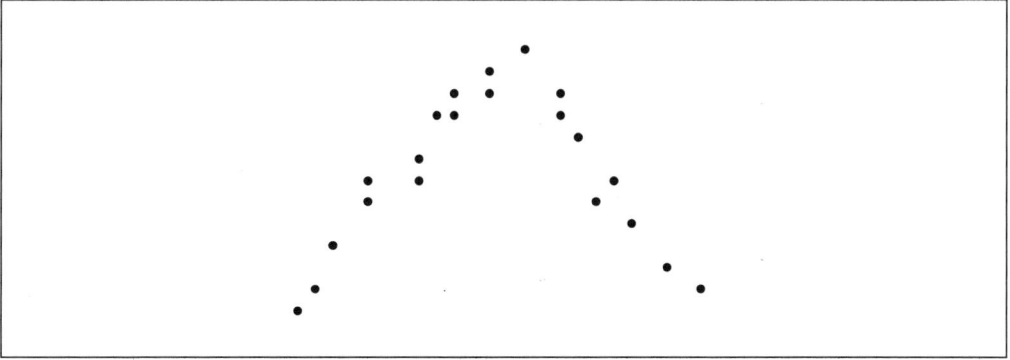

Abb. 9.4:   Ein nicht-linearer Zusammenhang

Erstellen Sie also zunächst ein Streudiagramm der beiden Variablen in SPSS:

Grafiken – Streudiagramm – Einfach

Klicken Sie auf *Definieren* und bringen Sie die Variable *C1.2* in das Feld *x-Achse*, *C1.4* in das Feld *y-Achse*. Es resultiert folgendes Streudiagramm:

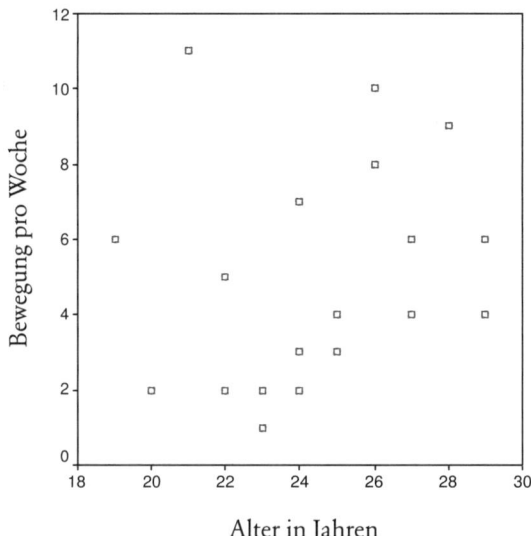

Abb. 9.5: Streudiagramm der Variablen „Alter" und „Körperliche Bewegung"

Aus der Abbildung 9.5 ist zweierlei ersichtlich: Die beiden Variablen zeigen keinen nicht-linearen Zusammenhang, und sie korrelieren **schwach positiv**. Wir wollen nun den Pearson-Korrelationskoeffizienten berechnen.

Analysieren – Korrelation – Bivariat

Bringen Sie die Variablen *C1.2* und *C1.4* in das Variablenfeld und klicken Sie auf *OK* (die Pearson-Korrelation ist voreingestellt).

Tab. 9.2: SPSS-Output „Pearson-Korrelationskoeffizient"

Korrelationen

		Bewegung pro Woche	Alter in Jahren
Bewegung pro Woche	Korrelation nach Person	1	,261
	Signifikanz (2-seitig)	.	,266
	N	20	20
Alter in Jahren	Korrelation nach Person	,261	1
	Signifikanz (2-seitig)	,266	.
	N	20	20

Der Output (Tabelle 9.2) zeigt einen (positiven) Korrelationskoeffizienten von 0,261 bei einem p-Wert von p = 0,266 (der Wert 1 kann ignoriert werden: Eine Variable korreliert mit sich selbst stets zu 1). Die Variablen „Bewegung pro Woche" und „Alter in Jahren" zeigen also einen geringen Zusammenhang, welcher allerdings nicht signifikant ist.

Für alle statistischen Tests gilt: Ab einer gewissen Stichprobengröße wird jeder noch so geringe Zusammenhang bzw. jeder noch so kleine Unterschied signifikant. Deshalb ist die Kenntnis der Signifikanz alleine nicht ausreichend – es muss ein zuvor festgelegter Effekt definiert werden, der über die **praktische Relevanz** informiert. Im Fall der Korrelation ist dieser Effekt der Korrelationskoeffizient.

Für die Höhe eines Korrelationskoeffizienten gilt folgende Faustregel (vgl. z. B. Bühl, 2006) (Tabelle 9.3):

Tab. 9.3:   Die Höhe eines Korrelationskoeffizienten

Wert	Interpretation
r < = 0,2	Sehr geringer Zusammenhang
r < = 0,5	Geringer Zusammenhang
r < = 0,7	Mittlerer Zusammenhang
r < = 0,9	Hoher Zusammenhang
r > 0,9	Sehr hoher Zusammenhang

9.2   Rangkorrelation nach Spearman

Es soll der Zusammenhang zwischen dem BMI zum Zeitpunkt 1 (bmi) und der Selbsteinschätzung der Sportlichkeit (C1.5) untersucht werden. Da die Selbsteinschätzung höchstens auf einer Ordinalskala liegt, wird die Spearman-Rangkorrelation berechnet.

Analysieren – Korrelation – Bivariat

Bringen Sie die Variablen *bmi* und *C1.5* in das Variablenfeld und klicken Sie *Spearman* an. Es resultiert folgender Output (Tabelle 9.4):

Tab. 9.4: SPSS-Output „Spearman-Rangkorrelation"

			BMI zum Zeitpunkt Fragebogen-vorgabe	Einstufung Sportlich-keit
Spearman-Rho	BMI zum Zeitpunkt Fragebogenvorgabe	Korrelationskoeffizient	1,000	-,914**
		Sig. (2-seitig)	.	,000
		N	20	20
	Einstufung Sportlichkeit	Korrelationskoeffizient	-,914**	1,000
		Sig. (2-seitig)	,000	.
		N	20	20

**. Die Korrelation ist auf dem 0,01-Niveau signifikant (zweiseitig).

Der Spearman-Korrelationskoeffizient zeigt einen Wert von $r = -0,914$ bei $p = 0,000$ (Tabelle 9.4). Der Zusammenhang ist hoch und signifikant: Je höher der BMI, desto geringer ist die Selbsteinschätzung der Sportlichkeit, was inhaltlich plausibel ist. Das entsprechende Streudiagramm ist in Abbildung 9.6 dargestellt.

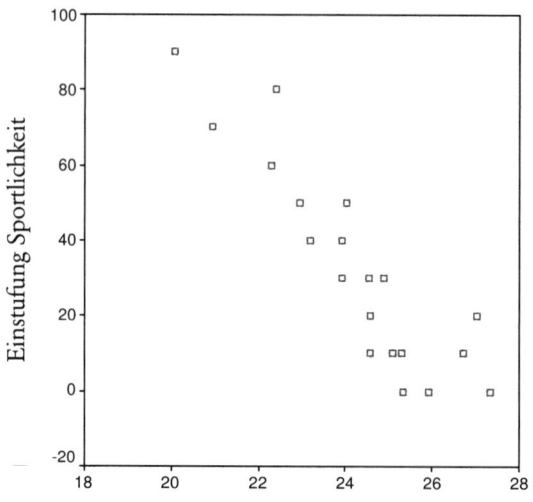

Abb. 9.6: Streudiagramm zwischen BMI und Einschätzung der Sportlichkeit

9.3 Vierfelderkorrelation

Es soll der Zusammenhang zwischen der selbst eingeschätzten Sportlichkeit, und zwar anhand der dichotomisierten Variable C1.5_1 (zur Dichotomisierung siehe in Kapitel 8 das Beispiel „t-Test für unabhängige Stichproben") und dem Geschlecht untersucht werden. Da es sich um zwei dichotome Variablen handelt, wird die Vierfelderkorrelation berechnet.

In Kapitel 8 wurde anhand dieser beiden Variablen ein Chi-Quadrat-Test auf Unabhängigkeit gerechnet: Ein signifikantes Ergebnis sagt nur aus, dass die beiden Variablen (in der Population) nicht unabhängig sind – über die „Stärke" dieser Unabhängigkeit erfahren wir nichts. Die Vierfelderkorrelation liefert hingegen ein **Maß für die Stärke des Zusammenhangs**, das – wie bei Korrelationskoeffizienten üblich – im Bereich –1 bis +1 liegt. Es ist allerdings schwierig, die Höhe des Koeffizienten zu interpretieren, da die Werte –1 und +1 nur unter bestimmten Bedingungen erreicht werden können. Es sei hier auf umfassendere Lehrbücher verwiesen, z. B. Bortz (1999).

Analysieren – Korrelationen – Bivariat

Bringen Sie die Variablen *C1.1* („Geschlecht") und *C1.5_1* („dichotome Einschätzung der Sportlichkeit") in das Variablenfeld und klicken Sie auf *OK*. Es resultiert folgender Output:

Tab. 9.5: SPSS-Output „Vierfelderkorrelation"

		Geschlecht	Sportlichkeit
Geschlecht	Korrelation nach Pearson	1	,218
	Signifikanz (2-seitig)	.	,355
	N	20	20
Sportlichkeit	Korrelation nach Pearson	,218	1
	Signifikanz (2-seitig)	,355	.
	N	20	20

Der Zusammenhang ist mit r = 0,218 gering. Es besteht also eine geringe Korrelation zwischen diesen beiden Variablen „Geschlecht" und „selbst eingeschätzte Sportlichkeit". Zudem ist der p-Wert mit p = 0,355 nicht signifikant.

9.4 Partielle Korrelation

Es interessiert die Frage, ob die Anzahl der Stunden, welche die Befragten pro Woche für körperliche Bewegung aufwenden, mit der Selbsteinschätzung der eigenen Sportlichkeit korreliert. Tatsächlich korrelieren die Bewegung pro Woche und die Selbsteinschätzung relativ hoch (r = 0,717) (wir wollen für dieses Beispiel **annehmen**, dass die Selbsteinschätzung der Sportlichkeit auf Intervallskalenniveau vorliegt). Es könnte allerdings sein, dass der BMI hier auch eine Rolle spielt. Der Korrelationskoeffizient zwischen BMI und Selbsteinschätzung der Sportlichkeit beträgt r = –0,898 (je höher der BMI, desto geringer die Selbsteinschätzung) und jener zwischen BMI und tatsächlicher wöchentlicher Bewegung r = –0,820 (je höher der BMI, desto weniger Bewegung wird gemacht). Wie korrelieren also die Variablen „wöchentliche Bewegung" und „Selbsteinschätzung der Sportlichkeit", wenn man auch den BMI berücksichtigt?

Die partielle Korrelation stellt den Zusammenhang zwischen zwei Variablen dar, unter **Berücksichtigung einer Drittvariablen**. Ein klassisches Beispiel dafür ist dies: Die Anzahl der Geburten korreliert mit der Anzahl der Störche (je mehr Störche vorhanden sind, desto mehr Kinder kommen auf die Welt). Allerdings ist dies durch eine Drittvariable, nämlich die Jahreszeit, bedingt. Berücksichtigt man die Jahreszeit als Drittvariable (Störvariable), verschwindet der Zusammenhang!

Analysieren – Korrelation – Partiell

Bringen Sie die Variablen *C1.4* und *C1.5* in das Feld *Variablen*, und den BMI (*bmi*) in das Feld *Kontrollvariablen*. Nach einem Klick auf *OK* resultiert folgender Output.

Tab. 9.6:   SPSS-Output „Partielle Korrelation"

```
- - - P A R T I A L   C O R R E L A T I O N   C O E F F I C I E N T S  - -
-

Controlling for..      BMI

                C1.4        C1.5

C1.4            1,0000       -,0766
                (    0)      (    17)
                P= .         P= ,755

C1.5            -,0766       1,0000
                (    17)     (    0)
                P= ,755      P= .

(Coefficient / (D.F.) / 2-tailed Significance)

„ , " is printed if a coefficient cannot be computed
```

Wie aus Tabelle 9.6 ersichtlich, verschwindet der Zusammenhang zwischen Selbsteinschätzung der Sportlichkeit und Bewegung, wenn man den BMI als Drittvariable berücksichtigt.

9.5   Biseriale Korrelation

Es soll untersucht werden, ob es einen Zusammenhang zwischen dem Geschlecht und der Einschätzung der Sportlichkeit gibt. Dieser Frage sind wir unter Anwendung der Vierfelderkorrelation schon nachgegangen (siehe Punkt 9.3: Vierfelderkorrelation), allerdings war in jenem Beispiel die Einschätzung der Sportlichkeit dichotomisiert. In diesem Beispiel ist dies nicht der Fall: Wir behalten die ursprüngliche Variable bei, sodass wir eine dichotome Variable (das Geschlecht) und eine Variable, die wir hier als intervallskaliert annehmen (Einschätzung), vorfinden.

Analysieren – Korrelation – Bivariat

Bringen Sie *C1.1* („Geschlecht") und *C1.5* („Einschätzung der Sportlichkeit") in das Variablenfeld (belassen Sie die Voreinstellung *Pearson-Korrelation*) und klicken Sie auf *OK*. Es resultiert folgender Output (Tabelle 9.7):

Tab. 9.7:   SPSS-Output „Punkt-biseriale Korrelation"

Korrelationen

		Geschlecht	Einstufung Sportlichkeit
Geschlecht	Korrelation nach Pearson	1	,322
	Signifikanz (2-seitig)	.	,167
	N	20	20
Einstufung Sportlichkeit	Korrelation nach Pearson	,322	1
	Signifikanz (2-seitig)	,167	.
	N	20	20

Der Korrelationskoeffizient beträgt r = 0,322. Der Zusammenhang ist als gering einzustufen. Aus diesem Output ist allerdings nicht ersichtlich, ob die Männer oder die Frauen eine höhere Selbsteinschätzung ihrer Sportlichkeit angeben. Wir lassen uns die Mittelwerte ausgeben:

Analysieren – Mittelwerte vergleichen – Mittelwerte

Als abhängige Variable bringen Sie *C1.5* („Einschätzung der Sportlichkeit"), als unabhängige Variable *C1.1* („Geschlecht") in die entsprechenden Felder (Abbildung 9.7), klicken Sie auf *Optionen* und bringen Sie den Median aus dem Feld *Statistik* in das Feld *Zellenstatistik* (hier können Sie auch noch andere Statistiken auswählen). Klicken Sie auf *Weiter* und *OK*.

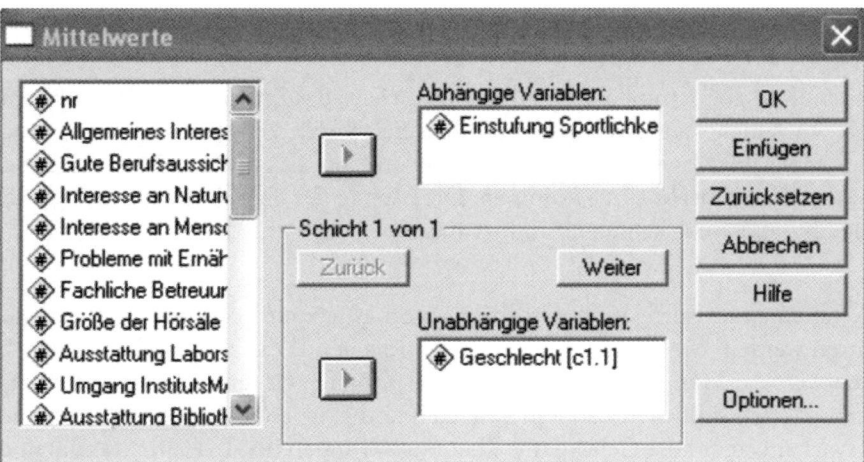

Abb. 9.7: Mittelwerte vergleichen: SPSS-Dialogfeld

Wie aus Tabelle 9.8 ersichtlich, haben die Frauen den höheren Mittelwert (auch den höheren Median – wir haben uns diesen zum Vergleichen mit ausgeben lassen, da er bei ordinalskalierten Variablen dem Arithmetischen Mittel vorzuziehen ist). Da ein höherer Wert eine höhere Einschätzung der Sportlichkeit bedeutet, ist der Zusammenhang nun klar interpretierbar: Es besteht eine Korrelation zwischen den beiden Variablen so, dass Frauen sich als stärker sportlich einstufen, allerdings ist dieser Zusammenhang mit $r = 0,32$ gering.

Tab. 9.8: *SPSS-Output „Mittelwerte vergleichen"*

Bericht

Einstufung Sportlichkeit

Geschlecht	Mittelwert	N	Standard-abweichung	Median
männlich	24,0000	10	21,18700	20,0000
weiblich	41,0000	10	30,71373	35,0000
insgesamt	32,5000	20	27,12059	30,0000

9.6   Korrelation und Kausalität

Von der partiellen Korrelation her kennen Sie bereits das berühmte Storchenbeispiel: Es gibt einen Zusammenhang zwischen der Anzahl der Störche und der Anzahl der Geburten. Mit der Anzahl der Störche steigt die Geburtenrate, allerdings wird niemand behaupten, dieser Zusammenhang sei kausal, d. h., dass die Störche die Kinder bringen. Es gibt keine ursächliche (kausale) Assoziation. Die Jahreszeit ist es, die diese „**Scheinkorrelation**" bedingt (wobei der Ausdruck „Scheinkorrelation" problematisch ist – die Korrelation besteht tatsächlich!), da zur warmen Jahreszeit eben die Störche da sind und auch mehr Kinder zur Welt kommen. Nur: Der Zusammenhang ist eben **nicht kausal,** das eine hat mit dem anderen nichts zu tun.

Von einem Kausalzusammenhang spricht man, wenn das Setzen einer Ursache x eine bestimmte Wirkung y regelhaft erzeugt. Ein Beispiel: Werden einer Gruppe von Menschen täglich 1.500 Kilokalorien zugeführt und einer anderen Gruppe nur 300, wird es bei dieser zu einer Gewichtsabnahme kommen. Die Menge der über die Nahrung zugeführten Energie übt tatsächlich kausalen Einfluss aus.

Vom Bestehen einer Korrelation darf nicht automatisch auf ursächliche Zusammenhänge geschlossen werden! Sie können nur durch entsprechende experimentelle Designs herausgefunden werden. Man könnte die Anzahl der Störche variieren, sprich: sie nach ihrem Eintreffen aus den südlichen Ländern abfangen und einsperren, und dann beobachten, ob dies Auswirkungen auf die Geburtenrate hat (aus Gründen des Tierschutzes sollten die Vögel nach der Untersuchung allerdings unbedingt wieder freigelassen werden).

Sehr oft wird der Fehler gemacht, aus dem Bestehen einer Korrelation falsche Schlüsse zu ziehen – man muss sehr vorsichtig sein, möchte man etwas über Kausalität aussagen. Bloß weil eine Korrelation vorhanden ist, darf nicht auf Kausalität geschlossen werden. Die Umkehrung allerdings gilt: Wenn tatsächlich zwischen zwei Variablen ein ursächlicher Zusammenhang besteht, dann muss sich dieser auch in einer Korrelation niederschlagen!

Es ist nahe liegend, dass Rauchen und Lebensdauer korrelieren – wer viel raucht, stirbt in der Regel früher. Allerdings ist es gut möglich, dass im Hintergrund noch andere Einflüsse wirken, z.B. eine erhöhte Bereitschaft zu riskanten Verhaltensweisen. Vielleicht essen Raucher ungesünder, trinken mehr Alkohol etc. Die Assoziation „Rauchen/Lebensdauer" kann eben durch **andere Faktoren** beeinflusst sein, und es ist oftmals sehr schwierig, das herauszufinden. Es sollte also nicht vorschnell geurteilt werden! Mögliche Kausalzusammenhänge können sehr komplex sein: Es ist etwa möglich, dass eine Variable X die Variable Y direkt beeinflusst oder über eine andere Variable Z diesen Einfluss ausübt. Oder: X und Y beeinflussen sich gegenseitig, oder X beeinflusst Y über eine Drittvariable Z, während X von Y direkt beeinflusst wird.

9.7 Einfache lineare Regression

Betrachten wir den Zusammenhang zwischen den Variablen „Bewegung pro Woche" und BMI (Abb. 9.8):

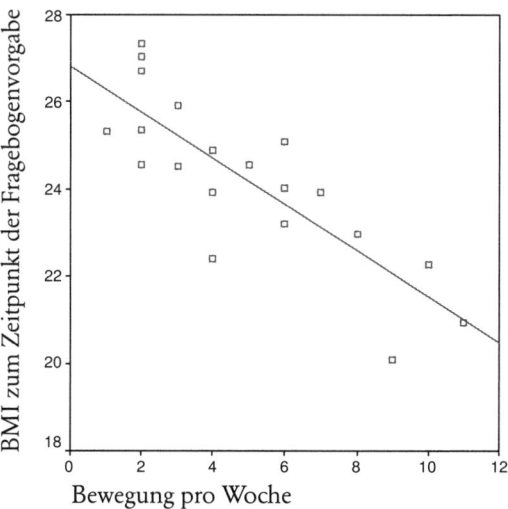

Abb. 9.8: Zusammenhang zwischen Bewegung und BMI

Die Korrelation ist – wie zu erwarten – deutlich negativ: Je mehr Bewegung jemand macht, desto geringer ist sein BMI. Der Korrelationskoeffizient beträgt r = –0,914. Es ist gut möglich, über diesen Zusammenhang eine Gerade zu legen, an die sich die Punktwolke „anschmiegt". Der Zusammenhang ist linear. Eine solche Gerade ist durch zwei Parameter bestimmt: den **Achsenabschnitt a** und die **Steigung b**: y = b * x + a. Der Achsenabschnitt a

ist jener Punkt, an welchem die Gerade die y-Achse schneidet, und b gibt den Steigungs-
winkel der Geraden an. Mithilfe der linearen Regression werden für einen gegebenen Zusammenhang diese Parameter a und b so **geschätzt**, dass eine Gerade resultiert, welche diesen Zusammenhang optimal beschreibt, also optimal **an die Punktwolke angepasst** ist.
Sind diese beiden Parameter bekannt, ist es möglich, für jeden beliebigen Wert der Variable
x einen y-Wert zu schätzen. Bei der linearen Regression geht es also um eine **Prognose**. Das
ist auch der Unterschied zur Korrelationsrechnung, bei der ein gegebener Zusammenhang
„einfach" ermittelt wird.

Die Variablen müssen metrisch und normalverteilt sein, damit die lineare Regression angewandt werden darf.

Wichtig sind auch die **Residuen**. Die prognostizierten Werte liegen ja alle auf der Regressi-
onsgeraden. Wird anhand eines Datensatzes eine solche berechnet, wird es – außer der Zusammenhang ist perfekt, also dem Betrag nach 1 – Abweichungen geben zwischen den tat-
sächlichen und den vorhergesagten Werten. Nehmen wir an, eine Person hat einen x-Wert von
5 und einen y-Wert von 8 (das sind die empirisch ermittelten Messwerte), und die Regressionsgerade laute: y = 3 * x – 6 („3" ist der Anstieg, „–6" der Achsenabschnitt). Wenn wir jetzt
diese Gleichung heranziehen, um für einen Wert von x = 5 den y-Wert zu schätzen, erhalten
wir: y = 3 * 5 – 6 = 9; der Wert „9" ist der aus der Regressionsgleichung geschätzte y-Wert. Der
tatsächliche y-Wert beträgt allerdings „8", was zu einer **Differenz** – einem Residuum für diese
Person – von 1 führt. Es ist klar, dass die Summe der Residuen insgesamt möglichst klein sein
soll! Die Residuen sollen außerdem zufällig auftreten – manchmal soll es zu einer Über-,
manchmal zu einer Unterschätzung kommen, und sie sollen normalverteilt sein.

Betrachten wir nochmals das eingangs erwähnte Beispiel: Beträgt der Korrelationskoeffizient zweier Variablen genau r = 1 oder r = –1, so ist der Zusammenhang perfekt (funktional bzw. deterministisch). Dies ist beispielsweise zwischen dem Radius eines Kreises und
dessen Umfang der Fall.

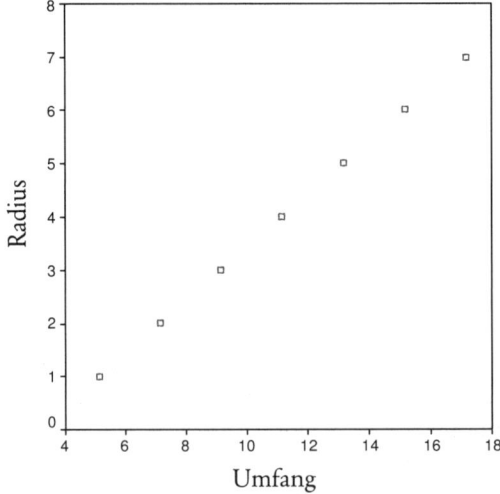

Abb. 9.9: Zusammenhang zwischen Kreisradius und Umfang

Kenne ich den Radius, kenne ich auch den Umfang und vice versa – dieser Zusammenhang kann durch eine Gerade perfekt beschrieben werden! Daraus ergibt sich, dass die **Prognose** eines Wertes aus einem anderen **umso besser** wird, je **höher die Korrelation** ist.

Es soll untersucht werden, ob sich der BMI einer Person dazu eignet, zu prognostizieren, wie viel Bewegung jemand pro Woche macht (die Variable, die prognostiziert werden soll, ist die abhängige, diejenige, welche zur Schätzung der abhängigen Variablen benutzt wird, die unabhängige). Aus dem Streudiagramm wissen wir, dass der Zusammenhang einerseits linear und andererseits mit r = –0,82 sehr hoch ist. Wir lassen SPSS die Parameter b und a aus der Geradengleichung schätzen (y = b * x + a).

Analysieren – Regression – Linear

In das Feld *abhängige Variable* fügen Sie *C1.4* („Bewegung pro Woche") ein, in das Feld *unabhängige Variable* fügen Sie *bmi* ein. Klicken Sie auf *OK*. Es resultiert folgender Output (Tab. 9.9):

Tab. 9.9: SPSS-Output „Lineare Regression"

Koeffizienten[a]

Modell	Nicht standardisierte Koeffizienten		Standardisierte Koeffizienten	T	Signifikanz
	B	Standardfehler	Beta		
1 (Konstante)	35,702	5,082		7,025	,000
BMI zum Zeitpunkt der Fragebogenvorgabe	-1,272	,209	-,820	-6,089	,000

a. Abhängige Variable: Bewegung pro Woche

Daraus können Sie Folgendes ablesen:

▪ Fußnote: Die abhängige Variable ist *Bewegung pro Woche*.
▪ Spalte mit der Bezeichnung *B*: Der Achsenabschnitt wird in SPSS als „Konstante" bezeichnet und beträgt a = 35,702. Die Steigung beträgt b = –1,272.
▪ Der Einfluss des BMI ist signifikant.

Somit kann in die Geradengleichung eingesetzt werden:

Bewegung pro Woche (geschätzt) = –1,272 * BMI + 35,702

Jetzt kann für einen beliebigen BMI-Wert geschätzt werden, wie viel Bewegung diese Person macht. Wie lautet die prognostizierte Bewegung für eine Person mit einem BMI von 20?

Bewegung pro Woche (geschätzt) = –1,272 * 20 + 35,702 = 10,262

Das heißt, wir schätzen in diesem Fall ein wöchentliches Bewegungspensum von rund 10,3 Stunden.

Um prognostizierte Werte nicht händisch ausrechnen zu müssen, gehen Sie wie folgt vor: Fügen Sie im Dateneditor einen weiteren Fall ein, indem Sie für die Variable *bmi* den Wert *20* „anhängen". Starten Sie die Berechnung erneut, aber klicken Sie zuvor auf den Button *Speichern* und markieren Sie bei *Vorhergesagte Werte* das Feld *Nicht standardisiert*. So wird eine neue Variable *pre_1* gebildet, die für jeden Fall den vorhergesagten Wert enthält.

Wenn Sie ein Streudiagramm erstellt haben, können Sie die Regressionsgerade einzeichnen lassen. Klicken Sie im Outputfenster doppelt auf das Diagramm, um in den Diagramm-Editor zu gelangen. Dann klicken Sie auf *Diagramme – Optionen* und dort markieren Sie im Punkt *Anpassungslinie* das Feld *Gesamt*. Da die *Lineare Regression* voreingestellt ist (durch Klicken auf den Button *Anpassungsoptionen* könnten Sie andere Funktionen auswählen), wird durch Klicken auf *OK* die lineare Regressionsgerade eingezeichnet. Schließen Sie dann den Diagramm-Editor wieder, um in das Output-Fenster zu gelangen.

9.8 Multiple lineare Regression

Die multiple lineare Regression erlaubt es, nicht nur eine, sondern **mehrere unabhängige Variablen** miteinzubeziehen.

Wir wollen den Einfluss nicht nur des BMI, sondern auch des Alters auf die abhängige Variable „Bewegung pro Woche" untersuchen.

Analysieren – Regression – Linear

Wie bei der einfachen Regression bringen Sie die Variable *Bewegung pro Woche* in das Feld *abhängige Variable* und *BMI* sowie *Alter* in das Feld *unabhängige Variable(n)*. Klicken Sie auf *OK* – es resultiert folgender Output (Tabelle 9.10):

Tab. 9.10: SPSS-Output „Multiple lineare Regression"

Koeffizienten[a]

Modell	Nicht standardisierte Koeffizienten		Standardisierte Koeffizienten	T	Signifikanz
	B	Standardfehler	Beta		
1 (Konstante)	40,337	7,956		5,070	,000
BMI zum Zeitpunkt Fragebogenvorgabe	-1,349	,234	-,870	-5,755	,000
Alter in Jahren	-,114	,149	-,115	-,764	,456

a. Abhängige Variable: Bewegung pro Woche

Aus dem Output sind, wie bei der einfachen Regression, die geschätzten Parameter abzulesen. Da wir es nun mit mehreren unabhängigen Variablen (BMI, Alter) zu tun haben, werden – neben dem Achsenabschnitt (Konstante) – auch mehrere Steigungskoeffizienten angegeben. Die Geradengleichung lautet:

Bewegung pro Woche (geschätzt) = –0,114 * Alter – 1,349 * BMI + 40,337

Aus der Spalte *Signifikanz* ist ersichtlich, dass der BMI signifikanten Einfluss auf die abhängige Variable hat, das Alter nicht.

Wie sind die **Koeffizienten** im Einzelnen zu interpretieren? Zunächst sollte darauf geachtet werden, dass die Vorzeichen plausibel sind. Der Steigungskoeffizient gibt an, um wie viele Einheiten die abhängige Variable sich verändert, wenn sich die unabhängige Variable um eine Einheit verändert. Betrachten wir den Koeffizienten des BMI: b = –1,349. Wenn der BMI um eine Einheit steigt, sinkt (sinkt, weil der Koeffizient negativ ist!) die Bewegung pro Woche um 1,349 Einheiten, d. h., die Person wird mit steigendem BMI weniger Bewegung machen, was inhaltlich plausibel ist. Wäre der Koeffizient positiv, hätten wir ein inhaltliches Erklärungsproblem, denn das würde bedeuten, dass mit steigendem BMI auch das Bewegungsausmaß zunimmt! Den Einfluss der Variable Alter brauchen wir hier nicht zu beachten, weil er nicht signifikant ist, aber die Interpretation wäre aufgrund des auch dort negativen Vorzeichens sinngemäß gleich.

9.9 Zusammenfassung des Kapitels

Zwei Merkmalsausprägungen können auf unterschiedliche Arten zusammenhängen (korrelieren), etwa: Je intelligenter jemand ist, desto kreativer ist er auch. Oder: Je mehr man für eine Prüfung lernt, desto besser wird die Note. Eine Maßzahl zur Beschreibung linearer Zusammenhänge ist der Korrelationskoeffizient. Je näher dieser dem Betrag nach bei 1 liegt, desto stärker korrelieren zwei Variablen miteinander, wobei – je nach Skalenniveau und Verteilung der Daten – unterschiedliche Korrelationsarten zur Anwendung kommen.

Es ist allerdings zu beachten, dass aufgrund des Vorhandenseins einer Korrelation nicht automatisch auf das Bestehen einer Kausalbeziehung geschlossen werden darf, da oftmals Drittvariablen mit im Spiel sind. Ein klassisches Beispiel ist der Zusammenhang zwischen der Anzahl der Störche und der Anzahl der Geburten – diese beiden Größen korrelieren zwar miteinander, aber es besteht keine kausale Verbindung. Wird die Drittvariable „Jahreszeit" mittels der partiellen Korrelationsrechnung kontrolliert, geht der Korrelationskoeffizient gegen Null.

Wenn zwei Variablen zumindest intervallskaliert und annähernd normalverteilt sind, wird der Korrelationskoeffizient nach Pearson („Produkt-Moment-Korrelation") berechnet. Ist eine der beiden Variablen nicht zumindest intervallskaliert und/oder nicht annähernd normalverteilt, wird der Korrelationskoeffizient nach Spearman („Rangkorrelation") berechnet. Für zwei dichotome Variablen wird die Vierfelderkorrelation eingesetzt. Soll der Einfluss einer Drittvariable „herausgerechnet" werden, wird die partielle Korrelation berechnet.

Wenn der Wert einer Variable aus einer anderen prognostiziert werden soll und der Zusammenhang zwischen den Variablen linear ist, so erfolgt dies mithilfe der linearen Regressionsrechnung. Die prognostische Güte ist allerdings eng mit der Korrelation verknüpft: Korrelieren die abhängige und die unabhängige(n) Variable(n) nicht oder nur gering, wird die Güte der Vorhersage schwach sein.

9.10 Übungsbeispiele

Überprüfen Sie Ihr Wissen und versuchen Sie, die fünf Übungsbeispiele zu lösen:

1. Erklären Sie die Gemeinsamkeiten und Unterschiede von einfacher linearer Regressions- und Korrelationsrechnung.
2. Berechnen Sie aus dem Datenfile eine Korrelation zwischen den Variablen „Persönliche Probleme mit der Ernährung" (A1.5) und dem Ausmaß an wöchentlicher körperlicher Bewegung (C1.4). Welche Korrelationsart ist zu verwenden und wie ist der Output zu interpretieren?
3. Es wurde zwischen der Variable „Bewegung pro Woche" (C1.4) und „Alter" (C1.2) eine einfache lineare Regression berechnet. Interpretieren Sie folgenden SPSS-Output und schätzen Sie das wöchentliche Bewegungsausmaß für eine Person, die 25 Jahre alt ist:

Tab. 9.11: SPSS-Output „Modellzusammenfassung"

Modellzusammenfassung

Modell	R	R-Quadrat	Korrigiertes R-Quadrat	Standard-fehler des Schätzers
1	,261[a]	,068	,017	2,91848

a. Einflussvariablen: (Konstante), Alter in Jahren

Tab. 9.12: SPSS-Output „Koeffizienten"

Koeffizienten[a]

Modell	Nicht standardisierte Koeffizienten		Standardisierte Koeffizienten		
	B	Standard-fehler	Beta	T	Signi-fikanz
1 (Konstante)	-1,386	5,469		-,253	,803
Alter in Jahren	,258	,224	,261	1,148	,266

a. Abhängige Variable: Bewegung pro Woche

4. Gegeben sind folgende Zusammenhänge:

Tab. 9.13: SPSS-Output „Zusammenhänge"

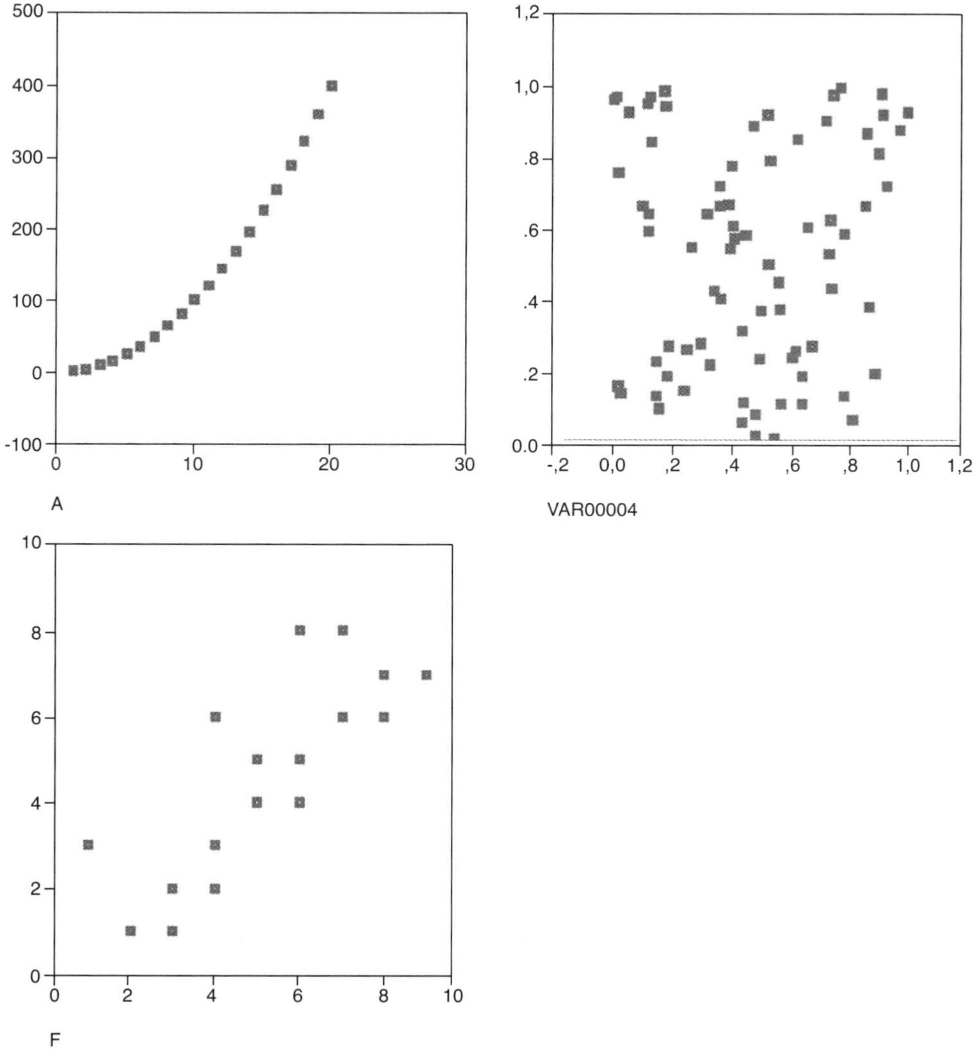

Beurteilen Sie jeweils, ob die Anwendung der Produkt-Moment-Korrelation sinnvoll ist und schätzen Sie – wo sinnvoll – die jeweiligen Zusammenhänge.

5. Ein Lehrer ermittelt einen Korrelationskoeffizienten zwischen der Qualität der Schreibschrift und der Schuhgröße von $r = 0{,}83$ bei SchülerInnen im Alter von 7 bis 14 Jahren. Wie ist das zu erklären? Nehmen Sie auch auf den Begriff „Kausalität" Bezug.

Die Lösungen zu den Übungsbeispielen finden Sie im Anhang auf Seite 178 f.

10 Varianzanalyse

Die Varianzanalyse wird eingesetzt, wenn die **Mittelwerte mehrerer Gruppen** miteinander verglichen werden sollen – sie stellt also eine Verallgemeinerung des t-Tests dar (der unabhängige t-Test vergleicht die Mittelwerte von zwei unabhängigen Stichproben). Nun könnte man, wenn beispielsweise drei Gruppen vorhanden sind, drei t-Tests rechnen und die Gruppe 1 mit Gruppe 2, Gruppe 1 mit Gruppe 3 und schließlich Gruppe 2 mit Gruppe 3 vergleichen. Aus Kapitel 8 kennen wir schon das bekannte Problem der **Alpha-Fehlerkumulierung** – mit der Anzahl durchgeführter statistischer Tests steigt die Wahrscheinlichkeit, „falsche" Alternativhypothesen anzunehmen. Mit der Varianzanalyse steht ein Verfahren zur Verfügung, das dieses Problem handhaben kann.

Ein weiteres Problem bei der Anwendung vieler t-Tests ist die **verringerte Power**. Wenn wir drei zu vergleichende Gruppen haben (und wir nehmen an, diese seien alle gleich groß), berücksichtigt ein einzelner t-Test ja nur jeweils 2/3 der Gesamtstichprobe, wodurch ein einzelner t-Test über eine geringere Teststärke verfügt als ein Test, der gleichzeitig alle Testpersonen miteinbezieht. Obwohl diese Aussage nur mit bestimmten Einschränkungen getroffen werden kann, die wir hier nicht näher erläutern wollen, kann festgestellt werden, dass eine Varianzanalyse in den meisten Fällen in Hinblick auf die Teststärke den einzelnen t-Tests überlegen ist (vgl. z. B. Köhler, 2004).

10.1 Grundlagen der Varianzanalyse

Trotz ihres Namens vergleicht die Varianzanalyse Mittelwerte (in SPSS wird der Begriff ANOVA verwendet – „Analysis of Variances"). Dies geschieht, indem verschiedene Varianzen miteinander verglichen werden. Die Überlegung ist folgende:

Die „**Quadratsumme Total**" ist die gesamte Variabilität aller Messwerte um den Gesamtmittelwert (unabhängig davon, zu welcher Gruppe der jeweilige Messwert gehört!). Diese „Quadratsumme Total" wird „zerlegt" in die „**Quadratsumme innerhalb**" und die „**Quadratsumme zwischen**".

Die „Quadratsumme innerhalb" drückt die Streuung der Messwerte innerhalb der Stichproben aus – hier geht es um die Variabilität der Stichprobenwerte um den jeweiligen Stichprobenmittelwert.

Die „Quadratsumme zwischen" drückt die Unterschiedlichkeit der jeweiligen Stichprobenmittelwerte aus – hier geht es um die Variabilität der Stichprobenmittelwerte um den Gesamtmittelwert.

Man berechnet aus den Daten zwei Varianzschätzungen. Die „**Varianzschätzung innerhalb**" ist ein gewichtetes Mittel aus den Stichprobenvarianzen: Gibt es also vier zu vergleichende Gruppen (gebildet beispielsweise aus den Altersgruppen „bis 20", „21–30", „31–40" und „ab 41") und sollen diese vier Gruppen hinsichtlich ihrer Laktatwerte nach sportlicher Bewegung miteinander verglichen werden, so wird ein je nach Stichprobengrößen gewichtetes Mittel aus diesen vier Stichprobenvarianzen berechnet.

Die „Varianzschätzung zwischen" ist die Varianz der beobachteten Stichprobenmittelwerte um den Gesamtmittelwert.

Unter der Nullhypothese („Die wahren Mittelwerte [Erwartungswerte] sind gleich, ebenso wie die wahren Varianzen") sollten diese beiden Varianzschätzungen gleich sein, sich also nur zufällig unterscheiden. Unter der Alternativhypothese wird erwartet, dass die „Varianzschätzung zwischen" deutlich größer ausfällt, weil dann ja die Erwartungswerte („Mittelwerte") der einzelnen Gruppen unterschiedlich sind – unter der Alternativhypothese unterscheiden sich zumindest zwei der Gruppenmittelwerte überzufällig voneinander.

Um die Varianzanalyse sinnvoll anwenden zu können, sind drei Voraussetzungen notwendig:

a) **Intervallskaleneigenschaft der Daten**
Da für die Varianzanalyse Arithmetische Mittel und Varianzen benötigt werden, müssen die Daten metrisches Skalenniveau aufweisen. Dies gilt für die abhängige Variable. Die Gruppierungsvariable („Faktor") liegt in Kategorien vor.

b) **Normalverteilungsannahme**
Aus den unter a) genannten Gründen ergibt sich die Forderung nach Vorliegen normalverteilter Daten in der Grundgesamtheit. Vor der Berechnung einer Varianzanalyse ist diese Voraussetzung zu prüfen, wie dies beim t-Test für unabhängige Stichproben erläutert wurde.

c) **Homogenität der Varianzen**
Diese Voraussetzung hat mit dem sogenannten „Standardfehler des Mittelwerts" zu tun und wird hier nicht näher erläutert.

10.2 Einfaktorielle Varianzanalyse ohne Messwiederholung

Es soll der Einfluss der subjektiven Einschätzung der eigenen Sportlichkeit (C1.5) auf das Ausmaß der wöchentlichen körperlichen Bewegung (C1.4) untersucht werden. Dazu soll die Variable C1.5 in drei etwa gleich große Gruppen unterteilt werden. Personen des unteren Drittels bilden die Gruppe 1, Personen des mittleren Drittels die Gruppe 2 und Personen des oberen Drittels die Gruppe 3. Dazu wird zunächst eine Häufigkeitstabelle mit den kumulierten Prozentwerten gebildet (Tabelle 10.1).

Analysieren – Deskriptive Statistiken – Häufigkeiten

Tab. 10.1: Häufigkeiten der subjektiven Einschätzung der Sportlichkeit

Einstufung Sportlichkeit

		Häufigkeit	Prozent	Gültige Prozente	Kumulierte Prozente
Gültig	,00	3	15,0	15,0	15,0
	10,00	4	20,0	20,0	35,0
	20,00	2	10,0	10,0	45,0
	30,00	3	15,0	15,0	60,0
	40,00	2	10,0	10,0	70,0
	50,00	2	10,0	10,0	80,0
	60,00	1	5,0	5,0	85,0
	70,00	1	5,0	5,0	90,0
	80,00	1	5,0	5,0	95,0
	90,00	1	5,0	5,0	100,0
	Gesamt	20	100,0	100,0	

Wie aus Tab. 10.1 ersichtlich, bilden die Personen mit einem Wert bis 10 % das untere Drittel, Personen mit einem Wert von 20 % bis 30 % das mittlere und Personen mit einem Wert ab 40 % das obere Drittel. Es sei angemerkt, dass die Stichprobe von n = 20 für eine Varianzanalyse zu klein ist – für unsere demonstrativen Zwecke sei aber darüber hinweggesehen. Eine grobe **Faustregel** besagt, dass zumindest zehn Personen pro Zelle notwendig sind (vgl. beispielsweise Rasch, Friese, Hofmann & Naumann, 2004). Wir bilden also eine Gruppierungsvariable (der genaue Vorgang des Umkodierens ist unter 8.1 beschrieben) und nennen sie *sport_1* mit den Wertelabels *1* (*gering*: Hier sind alle Personen mit Werten von 0 % bis 10 % enthalten), *2* (*mittel*: Hier sind alle Personen mit Werten von 20 % bis 30 % enthalten) und *3* (*hoch*: Hier sind alle Personen mit Werten ab 40 % enthalten). Es resultieren folgende Gruppen (Tabelle 10.2). Dabei fungiert *sport_1* als **Gruppenvariable** („unabhängige Variable").

Tab. 10.2: Häufigkeiten der neuen Variablen sport_1

SPORT_1

		Häufigkeit	Prozent	Gültige Prozente	Kumulierte Prozente
Gültig	1,00	7	35,0	35,0	35,0
	2,00	5	25,0	25,0	60,0
	3,00	8	40,0	40,0	100,0
	Gesamt	20	100,0	100,0	

Analysieren – Allgemeines lineares Modell – Univariat

Tragen Sie die Variable *sport_1* in das Feld *Feste Faktoren*, die Variable *C1.4* in das Feld *Abhängige Variable* ein. Klicken Sie anschließend auf den Button *Optionen*. In dem sich nun öffnenden Dialogfeld bringen Sie *Insgesamt* sowie die Variable *sport_1* in das Feld *Mittelwerte anzeigen für* – somit werden die Mittelwerte für die Gesamtstichprobe (*Insgesamt*) und für die Stufen des Faktors *sport_1* ausgegeben. Klicken Sie *Deskriptive Statistik* sowie *Homogenitätstest* an. Das ist notwendig, da die Varianzanalyse – so wie der t-Test für unabhängige Stichproben – homogene Varianzen voraussetzt. Klicken Sie abschließend noch auf den Button *Post hoc*, übertragen Sie die Variable *sport_1* in das Feld *Post hoc Tests für* und aktivieren Sie den Scheffe-Test. Somit werden paarweise Mittelwertsvergleiche für die drei Stufen der Variable *sport_1* durchgeführt. Klicken Sie auf *Weiter* und starten Sie die Berechnung mit *OK*.

Tabelle 10.3 zeigt zunächst die deskriptiven Statistiken. Wir sehen, dass in der Gruppe mit der geringsten Einschätzung der eigenen Sportlichkeit im Mittel auch am wenigsten körperliche Bewegung gemacht wird, in der Gruppe mit der höchsten Einschätzung sind es mehr als doppelt so viele wöchentliche Bewegungsstunden.

Tab. 10.3: ANOVA – deskriptive Statistiken

Deskriptive Statistiken

Abhängige Variable: Bewegung pro Woche

SPORT_1	Mittelwert	Standardabweichung	N
gering	3,0000	1,82574	7
mittel	3,6000	2,07364	5
hoch	7,2500	2,65922	8
Gesamt	4,8500	2,94288	20

Tabelle 10.4 zeigt das Ergebnis des Levene-Tests auf Gleichheit der Fehlervarianzen – es wird die Nullhypothese geprüft, dass die Daten einer Grundgesamtheit mit homogenen Varianzen in den zu vergleichenden Gruppen entstammen. Da der Test nicht signifikant ist, kann die Nullhypothese beibehalten werden – diese Voraussetzung der Varianzanalyse ist somit erfüllt.

Tab. 10.4: ANOVA – Levene-Test

Levene-Test auf Gleichheit der Fehlervarianzen[a]

F	df1	df2	Signifikanz
1,240	2	17	.314

Prüft die Nullhypothese, dass die Fehlervarianz der abhängigen Variablen über Gruppen hinweg gleich ist.
a. Design: Intercept+SPORT 1

Das eigentliche Ergebnis der Varianzanalyse ist in Tabelle 10.5 dargestellt:

Tab. 10.5: ANOVA – Tests der Zwischensubjekteffekte

Tests der Zwischensubjekteffekte

Quelle	Quadrat-summe vom Typ III	df	Mittel der Quadrate	F	Signifikanz
Korrigiertes Modell	77,850[a]	2	38,925	7,632	,004
intercept	410,002	1	410,002	80,393	,000
SPORT_1	77,850	2	38,925	7,632	,004
Gesamt	86,700	17	5,100		
Korrigierte	635,000	20			
Gesamtvariation	164,550	19			

a. R-Quadrat = ,473 (korrigiertes R-Quadrat = .411)

Wir sehen, dass der feste Effekt „Sportlichkeit" (sport_1) einen signifikanten Einfluss ausübt (p = 0,004), das heißt: Es gibt zumindest zwei Gruppenmittelwerte, die sich überzufällig hinsichtlich der wöchentlichen Bewegung unterscheiden. Welche das sind, zeigt uns Tabelle 10.6:

Tab. 10.6: ANOVA – Mehrfachvergleiche

Mehrfachvergleiche

Abhängige Variable: Bewegung pro Woche
Scheffé

(I) SPORT 1	(J) SPORT 1	Mittlere Differenz (I–J)	Standard-fehler	Signifikanz	95% Konfidenzintervall	
					Untergrenze	Obergrenze
1,00	2,00	-,6000	1,32234	,903	-4,1440	2,9440
	3,00	-4,2500*	1,16879	,008	-7,3825	-1,1175
2,00	1,00	,6000	1,32234	,903	-2,9440	4,1440
	3,00	-3,6500*	1,28744	,037	-7,1005	-,1995
3,00	1,00	4,2500*	1,16879	,008	1,1175	7,3825
	2,00	3,6500*	1,28744	,037	,1995	7,1005

Basiert auf beobachteten Mittelwerten
*. Die mittlere Differenz ist auf der Stufe ,05 signifikant.

Dieser Ausdruck ist teilweise redundant. Wie Sie der Spalte *Signifikanz* entnehmen können, sind folgende Gruppen voneinander signifikant verschieden: *1 versus 3* mit einem p-Wert von p = 0,008 und *2 versus 3* mit einem p-Wert von p = 0,037. Die Gruppen 1 und 2 unterscheiden sich nicht signifikant voneinander (p = 0,903). Dieselbe Information können Sie auch der Tabelle 10.7 entnehmen. Die Gruppen 1 und 2 bilden eine homogene Untergruppe, die Gruppe 3 steht „allein".

Tab. 10.7: ANOVA – Homogene Untergruppen

Bewegung pro Woche

Scheffé

SPORT_1	N	Untergruppe	
		1	2
1,00	7	3,0000	
2,00	5	3,6000	
3,00	8		7,2500
Signifikanz		,894	1,000

a. Verwendet Stichprobengrößen des harmonischen Mittels = 6,412
b. Die Größe der Gruppen ist ungleich. Es wird das harmonische Mittel der Größe der Gruppen verwendet. Fehlerniveaus für Typ I werden nicht garantiert.
c. Alpha = ,05

10.3 Einfaktorielle Varianzanalyse mit Messwiederholung

Am häufigsten wird die Varianzanalyse mit Messwiederholung zur Klärung der Frage eingesetzt, ob im Laufe **mehrerer Messzeitpunkte** Veränderungen eingetreten sind. Zumeist werden also die Ausprägungen einer Variablen, die wiederholt erfasst wird, untersucht.

Im Datenfile sind neben dem BMI zum Zeitpunkt der Fragebogenvorgabe noch zwei weitere BMI-Variablen enthalten: *bmi_t2*, die den BMI acht Wochen nach der Fragebogenvorgabe enthält, und *bmi_t3* für 52 Wochen nach der Fragebogenvorgabe. Wir wollen annehmen, dass die Befragten in der Zwischenzeit ein bestimmtes Trainingsprogramm durchlaufen haben. Aus dem Beispiel für die Varianzanalyse ohne Messwiederholung kennen wir schon die neu gebildete Variable *sport_1*, welche drei Gruppen enthält, von geringer subjektiver Einschätzung bis zu hoher subjektiver Einschätzung der Sportlichkeit. Unsere Fragestellung: Sind über die drei Messzeitpunkte (*bmi*, *bmi_t2* und *bmi_t3*) signifikante Veränderungen des BMI aufgetreten und spielt dabei auch die Zugehörigkeit zu einer der drei Gruppen der Variable *sport_1* eine Rolle?

Es liegen also zwei Faktoren vor: die Gruppe *sport_1* und die Zeit (das sind die drei Messungen des BMI).

Der SPSS-Output und die Möglichkeiten für unterschiedliche Berechnungen und Einstellungen sind sehr vielfältig – im Folgenden wird daher nur jener Teil der Ausgabe wiedergegeben, der sich darauf bezieht, ob die Faktoren *sport_1* und der Einfluss der Zeit auf den BMI sowie eine mögliche Wechselwirkung signifikant sind.

Analysieren – Allgemeines lineares Modell – Messwiederholung

Überschreiben Sie in der Dialogbox den voreingestellten Faktornamen mit *bmi_zeit*, tragen Sie in das Feld *Anzahl der Stufen* den Wert 3 ein (BMI wurde ja zu drei Zeitpunkten erfasst), klicken Sie auf *Hinzufügen* und abschließend auf *Definieren*. Es erscheint die Dialogbox *Messwiederholung* (Abb. 10.1).

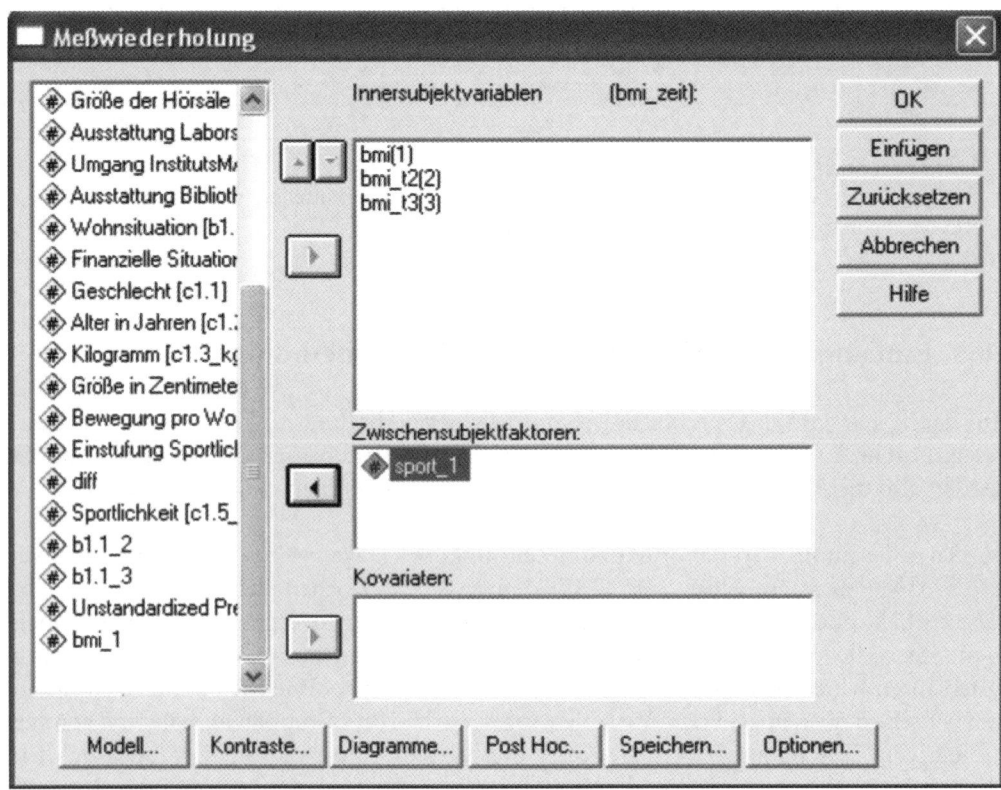

Abb. 10.1: Dialogfeld „Messwiederholung"

Bringen Sie die Variablen *bmi*, *bmi_t2* und *bmi_t3* (in dieser Reihenfolge) in das Feld *Innersubjektvariablen* und die Variable *sport_1* in das Feld *Zwischensubjektfaktoren*. Klicken Sie anschließend auf den Button *Optionen* und markieren Sie die Felder *Homogenitätstests* und *Deskriptive Statistik*. Bringen Sie außerdem den Faktor *bmi_zeit* in das Feld *Mittelwerte anzeigen für*, markieren Sie *Haupteffekte vergleichen* und stellen Sie bei *Anpassung des Konfidenzintervalls Bonferroni* ein. Klicken Sie auf *Weiter* und starten Sie die Berechnung mit *OK*.

Tab. 10.8: ANOVA mit Messwiederholung – Innersubjektfaktoren

Innersubjektfaktoren

BMI Zeit	Abhängige Variable
1	BMI
2	BMI_T2
3	BMI_T3

Die erste Tabelle im Output (Tabelle 10.8) ist hilfreich, um zu kontrollieren, ob die Variablen in der korrekten Reihenfolge eingegeben wurden.

Tab. 10.9 liefert Deskriptivstatistiken. Hier können wir beispielsweise ablesen, dass in allen drei Gruppen der durchschnittliche BMI vom ersten bis zum dritten Messzeitpunkt abgenommen hat.

Tab. 10.9: ANOVA mit Messwiederholung – Deskriptive Statistiken

Deskriptive Statistiken

	SPORT_1	Mittelwert	Standard-abweichung	N
BM zum Zeitpunkt	1,00	25,7576	,97026	7
Fragebogenvorgabe	2,00	24,9934	1,19669	5
	3,00	22,4790	1,37951	8
	Gesamt	24,2551	1,89823	20
BMI nach 8 Wochen	1,00	25,5300	1,21514	7
	2,00	25,0260	1,20349	5
	3,00	22,1425	1,63647	8
	Gesamt	24,0490	2,08508	20
BMI nach 52 Wochen	1,00	22,4200	1,45872	7
	2,00	23,3940	1,43888	5
	3,00	20,8050	1,53776	8
	Gesamt	22,0175	1,77661	20

Aus Tab. 10.10 sind verschiedene Prüfgrößen ablesbar, wobei Pillai-Spur als robustester Test gilt. Der Faktor *bmi_zeit* zeigt einen signifikanten Einfluss (p < 0,000), d.h., es gibt einen Effekt über die drei Messzeitpunkte. Die Wechselwirkung von *bmi_zeit* und *sport_1* ist eben-falls signifikant (p = 0,035). Das heißt, die Zugehörigkeit zu einer der drei Gruppen der Variable *sport_1* geht mit einer unterschiedlichen BMI-Reduktion einher (dass eine Verringerung des BMI gegeben ist, sehen wir aus der Tabelle zu den deskriptiven Statistiken).

Wechselwirkung
Eine Wechselwirkung beschreibt jene Effekte, die von bestimmten Faktorenkombinationen abhängig sind. Sind beispielsweise zwei Faktoren, deren Einfluss auf eine abhängige Variable untersucht werden soll, vorhanden (Faktor A: „Ermüdung" mit drei Abstufungen: ausgeruht, mittelmäßig ermüdet, stark ermüdet; Faktor B: Geschlecht), so könnte der Faktor A für sich genommen einen Einfluss unabhängig vom Geschlecht ausüben. Das Gleiche gilt für das Geschlecht: Ob eine Testperson männlich oder weiblich ist, könnte für sich genommen, unabhängig von der Ermüdung, eine Wirkung ausüben. Eine Wechselwirkung hingegen betrifft einen Effekt, der von bestimmten Faktorenkombinationen ausgelöst wird. So könnte es also sein, dass die Kombination „stark ermüdet"/„männlich" einen besonders starken Einfluss ausübt – eine derartige besondere Auswirkung heißt „Wechselwirkungseffekt".

Tab. 10.10: ANOVA mit Messwiederholung – Deskriptive Statistiken

Multivariate Tests[c]

Effekt		Wert	F	Hypothese df	Fehler df	Signifikanz
BMI _ZEIT	Pillai-Spur	,838	41,323[a]	2,000	16,000	,000
	Wilks-Lambda	,162	41,323[a]	2,000	16,000	,000
	Hotelling-Spur	5,165	41,323[a]	2,000	16,000	,000
	Größte charakteristische Wurzel nach Roy	5,165	41,323[a]	2,000	16,000	,000
BMI Zeit * SPORT_1	Pillai-Spur	,512	2,924	4,000	34,000	,035
	Wilks-Lambda	,528	3,008[a]	4,000	32,000	,033
	Hotelling-Spur	,817	3,066	4,000	30,000	,031
	Größte charakteristische Wurzel nach Roy	,711	6,042b	2,000	17,000	,010

a. Exakte Statistik
b. Die Statistik ist eine Obergrenze auf F, die eine Untergrenze auf dem Signifikanzniveau ergibt.
c. Design: Intercept+SPORT_1
   Innersubjekt-Design: BMI_ZEIT

Der Levene-Test auf Gleichheit der Fehlervarianzen (Tab. 10.11) zeigt Varianzhomogenität für alle drei Zeitpunkte mit p-Werten von p = 0,728, p = 0,343 und p = 0,944 (ein p-Wert von höchstens p = 0,05 wäre signifikant, für den betreffenden Zeitpunkt müsste die Alternativhypothese der Varianzheterogenität angenommen werden).

Tab. 10.11: ANOVA mit Messwiederholung – Levene-Test

Levene-Test auf Gleichheit der Fehlervarianzen[a]

	F	df1	df2	Signifikanz
BMI zum Zeitpunkt Fragebogenvorgabe	,324	2	17	,728
BMI nach 8 Wochen	1,141	2	17	,343
BMI nach 52 Wochen	,057	2	17	,944

Prüft die Nullhypothese, dass die Fehlervarianz der abhängigen Variablen über Gruppen hinweg gleich ist.
a. Design: Intercept+SPORT_1
  Innersubjekt-Design: BMI_ZEIT

Tab. 10.12 zeigt, dass der Nicht-Messwiederholungsfaktor *sport_1* signifikanten Einfluss hat ($p = 0{,}001$). Es kommt also zu unterschiedlichen BMI-Veränderungen je nach der Gruppe, der die Testpersonen angehören.

Tab. 10.12: ANOVA mit Messwiederholung – Test der Zwischensubjekteffekte

Tests der Zwischensubjekteffekte

Maß: MASS 1

Quelle	Quadrat-summe vom Typ III	df	Mittel der Quadrate	F	Signifikanz
Intercept	32186,800	1	32186,800	6742,583	,000
SPORT_1	106,582	2	53,291	11,164	,001
Fehler	81,152	17	4,774		

Transformierte Variable: Mittel

10.4 Zusammenfassung des Kapitels

Wenn die Mittelwerte mehrerer Gruppen miteinander verglichen werden sollen, kommen varianzanalytische Verfahren zum Einsatz. Es werden u. a. Intervallskalenniveau und Normalverteilung der abhängigen Variable vorausgesetzt. Die einfaktorielle Varianzanalyse ohne Messwiederholung vergleicht zumindest drei Stichproben hinsichtlich des Mittelwertes miteinander, und es gibt – im Falle eines signifikanten (globalen) p-Wertes – die Möglichkeit, mittels sog. „Post-hoc"-Tests zu ermitteln, welche Gruppen sich signifikant voneinander unterscheiden.

Die einfaktorielle Varianzanalyse mit Messwiederholung bietet die Möglichkeit, mehrere Messungen an denselben Personen zu mehr als zwei Zeitpunkten inferenzstatistisch zu überprüfen.

Varianzanalytische Verfahren erlauben also den simultanen Vergleich mehrerer Stichproben und stellen eine Erweiterung des unabhängigen bzw. abhängigen t-Tests dar.

10.5 Übungsbeispiele

Überprüfen Sie Ihr Wissen und versuchen Sie, die fünf Übungsbeispiele zu lösen:

1. Erklären Sie das Grundprinzip der unabhängigen Varianzanalyse.
2. Der im Rahmen einer einfaktoriellen Varianzanalyse berechnete Levene-Test zeigt eine „Signifikanz" von p = 0,567. Wie ist dieses Ergebnis zu interpretieren?
3. Was sind die Voraussetzungen der unabhängigen Varianzanalyse?
4. Worin unterscheiden sich die Varianzanalyse für unabhängige und Varianzanalyse für abhängige Daten?
5. Erklären Sie den Begriff „Wechselwirkung".

Die Lösungen zu den Übungsbeispielen finden Sie im Anhang auf Seite 179 f.

11 Der statistische Auswertungsbericht

Der letzte Schritt eines wissenschaftlichen Prozesses ist die verständliche Aufbereitung und Vermittlung der Ergebnisse Ihrer Arbeit an jene Personen, die daran interessiert sind. Es gibt letztlich keine allgemein verbindliche Form, wie das zu geschehen hat – möchten Sie Ihre Arbeit in einem Journal publizieren, haben Sie sich an die Form zu halten, die dort gefordert wird. In diesem Fall besorgen Sie sich am besten zur Orientierung eine aktuelle Ausgabe. Auch die Art, wie Literatur in einem Text zitiert wird, ist nicht einheitlich – es existieren mehrere „Formate", die sich teilweise deutlich unterscheiden. Wir orientieren uns in diesem Buch im Wesentlichen am sogenannten „**APA-Format**" und halten uns an die Zitierregeln der American Psychological Association (APA). Sie sollten sich jedoch, bevor Sie etwa eine Bachelor- oder Masterarbeit schreiben bzw. einen Artikel zur Publikation in einem bestimmten Fachjournal verfassen, erkundigen, welche Form und welche Zitierregeln dort jeweils verlangt werden.

Grundsätzlich enthält eine empirische Arbeit folgende Hauptbereiche (vgl. zum Beispiel Bortz & Döring, 1995):

1. Problem (Theoretischer Teil)
2. Methode
3. Ergebnisse
4. Diskussion
5. Zusammenfassung

Je nach zu verfassender Arbeit können durchaus noch weitere Bereiche enthalten sein, wie ein Verzeichnis der Tabellen und der Abbildungen, ein „Abstract" oder eine Danksagung bzw. ein Lebenslauf (Danksagung und Lebenslauf sind vor allem für universitäre Arbeiten typisch). Obligatorisch ist jedenfalls ein **Literaturverzeichnis**.

Für die Untergliederung der Bereiche eines Berichtes können neben Zahlen natürlich auch Buchstaben verwendet werden (Beispiel: A: Problem; B: Methode etc.). Am häufigsten jedoch ist jenes System anzutreffen, welches auch in diesem Buch Verwendung findet: Das Dezimalsystem, aus dem ersichtlich ist, auf welcher **hierarchischen Ebene** man sich befindet (Beispiel: 6. Deskriptivstatistische Datenanalyse; 6.1 Tabellarische Darstellung der Daten; 6.1.1 Häufigkeitstabellen). Aus Gründen der Übersichtlichkeit sollten Sie sich auf drei hierarchische Ebenen begrenzen.

Grundsätzlich wird der Bericht nicht in der „**Ich-Form**" verfasst, mit Ausnahme des Diskussionsteils. Üblich sind Formulierungen in passiver Form: „Es wurden folgende Hypothesen aufgestellt: …" (nicht aktiv: „Ich stellte die folgenden Hypothesen auf") oder „Die statistische Überprüfung führte zu der Schlussfolgerung, dass …" (nicht: „Ich stellte die Schlussfolgerung auf, dass …"). Verfassen Sie Ihren Bericht grundsätzlich in der

Mitvergangenheitsform (**Imperfekt**), denn die Daten wurden ja in der Vergangenheit erhoben. „Das Durchschnittsalter der Stichprobe betrug 34 Jahre" – zum Zeitpunkt der Berichterstellung trifft das ja nicht mehr zu, mittlerweile sind die Personen älter geworden.

11.1 Der Theorieteil

Im Theorieteil wird vorhandene Literatur kurz dargestellt. Achten Sie darauf, dass auch rezente Literatur eingearbeitet wird. Dabei beginnt man „breit" und nähert sich dann dem eigentlichen Fokus der Arbeit, sodass man den Leser zur Fragestellung hinführt, nämlich zur eigenen Untersuchung. Hier kann dann durchaus schon die experimentelle Hypothese ausformuliert werden.

Aber Vorsicht: Im Theorieteil dürfen noch keine eigenen Ergebnisse vorweggenommen werden!

11.2 Der Methodenteil

Im Methodenteil wird das methodische Vorgehen so exakt dargestellt, dass andere die Untersuchung nicht nur theoretisch nachvollziehen, sondern sie auch replizieren können. Üblicherweise wird dieser Abschnitt in drei Bereiche geteilt: Untersuchungsobjekte, Untersuchungsmaterial und Untersuchungsdurchführung.

- **Untersuchungsobjekte:** Wer waren die TeilnehmerInnen? Wie viele TeilnehmerInnen waren involviert? Wie wurden sie ausgewählt (**selektiert**)? Diese Angaben sind wichtig, um etwas über mögliche Verzerrungen zu erfahren – wenn beispielsweise, wie dies oft der Fall ist, hauptsächlich StudentInnen aufgenommen wurden, ist eine Verallgemeinerung der Resultate auf die „Normalbevölkerung" vermutlich nicht zulässig! In medizinischen Publikationen werden sogenannte Ein- und Ausschlusskriterien angegeben, was eine Einschätzung der Validität ermöglicht, also die Übertragbarkeit auf das „PatientInnengut" außerhalb der Studie.
- **Untersuchungsmaterial:** In diesem Teil werden verwendete **Geräte** bzw. **Tests** näher beschrieben – bei kommerziell vertriebenem Material sollten auch Herstellerangaben nicht fehlen.
- **Untersuchungsdurchführung:** Erläutern Sie den Ablauf der Untersuchung inklusive der räumlichen und zeitlichen Bedingungen. In diesen Teil gehören etwa auch Hinweise auf die **Randomisierung** und die experimentellen Bedingungen sowie – falls nicht zu umfangreich – die genauen **Instruktionen**, welche den Testpersonen gegeben wurden. Je nach Ablauf Ihrer Untersuchung – dieser Abschnitt Ihres Berichtes kann sehr kurz, aber auch sehr umfangreich sein – sind die Informationen so zu gestalten, dass es dem Leser/der Leserin ermöglicht wird, diese zu wiederholen. Verzichten Sie jedoch auf unnötige Details: "You should give enough information to allow a replication of your method, but do not include unnecessary details (e. g., note that you recorded times with a stopwatch – the brand and model number would be overkill)" (Davis & Smith, 2005, S. 501).

11.3 Der Ergebnisteil

Im Ergebnisteil werden die Resultate der statistischen Analysen berichtet. Gehen Sie davon aus, dass die RezipientInnen über genügend statistische Kenntnisse verfügen, denn es ist nicht Ihre Aufgabe, grundlegende Konzeptionen darzustellen. Das heißt: Es ist nicht notwendig, zu erläutern, warum und nach welchen Kriterien etwa die Nullhypothese beibehalten wurde. Ebenso ist es nicht notwendig, die verwendeten statistischen Verfahren zu erklären. Sie können voraussetzen, dass diese bekannt sind.

Allerdings sollte durchaus berichtet werden, ob die **Voraussetzungen für einzelne Verfahren** gegeben waren und welches Vorgehen gewählt wurde, wenn dies nicht der Fall war. Das heißt: Begründungen, warum beispielsweise ein Kruskal-Wallis-Test anstelle einer einfachen Varianzanalyse für unabhängige Stichproben eingesetzt wurde, sollen schon gegeben werden (etwa: „Aufgrund des signifikanten Levene-Tests auf Varianzhomogenität $[F = 12{,}51; p = 0{,}002]$ wurde ein U-Test gerechnet").

Grundsätzlich ist anzuraten, deskriptive Statistiken, welche die Stichprobe(n) hinsichtlich relevanter Variablen beschreiben, am besten in **Tabellenform** anzugeben, damit sich der/die Leser/in einen ersten Gesamteindruck verschaffen kann hinsichtlich Alter, Geschlechterverteilung, Beruf etc. Hier sind – wo sinnvoll, also beispielsweise beim „mittleren Alter" – Angaben über die Streuung unbedingt erforderlich. Sind Tabellen oder Grafiken angeführt, muss auf sie im Text unbedingt **Bezug** genommen werden.

Resultate aus statistischen Testverfahren

Wenn Sie Resultate aus statistischen Testverfahren berichten, ist zunächst das Signifikanzniveau anzugeben und auch, ob bei Mehrfachtests (siehe Kapitel 8) das **multiple Testproblem** berücksichtigt wurde. Z.B.: „Es wurde ein Signifikanzniveau von 5 % zugrunde gelegt. Da mehrere inferenzstatistische Verfahren angewandt wurden, wurde eine Alpha-Fehler-Korrektur nach Bonferroni durchgeführt."

Bei **hypothesenüberprüfenden Untersuchungen** müssen die entsprechenden Statistiken (t-Wert, Chi-Quadrat-Wert etc.) sowie die Freiheitsgrade und der resultierende p-Wert angegeben werden. Die Angabe „p < 0,05" sollte zugunsten der Angabe des exakten p-Werts vermieden werden (also: „p = 0,032" statt „p <= 0,05"). Der Hintergrund ist der, dass „knapp" signifikante Ergebnisse, also z. B. ein p-Wert von p = 0,048 bei einem Signifikanzniveau von 5 %, gerne etwas „verschleiert" werden durch die Angabe „p < 0,05", wohingegen „deutlich" signifikante Resultate auf viele Nachkommastellen genau publiziert werden („p = 0,0000002"). Ein Ergebnis ist bei gegebenem Signifikanzniveau entweder signifikant oder nicht!

Berichten Sie auch **nicht-signifikante Ergebnisse**. Es wird gerne übersehen, dass ein nicht-signifikantes Resultat „ein Resultat" ist. Und natürlich gilt auch hier: Ein nicht-signifikantes Resultat ist kein „Beweis" für die Richtigkeit der Nullhypothese! Es könnte beispielsweise sein, dass die Stichprobenunterschiede bei gegebenem Stichprobenumfang nur nicht ausgereicht haben, eine tatsächlich vorhandene Differenz zu belegen.

Einige Beispiele für die Darstellung von Resultaten aus inferenzstatistischen Verfahren:

T-Test für unabhängige Stichproben

Hintergrund: Es wurden zwei Gruppen – eine Versuchs- und eine Kontrollgruppe – hinsichtlich der Persönlichkeitseigenschaft „Introversion" untersucht. Bei der Auswertung zeigte sich für die Versuchsgruppe ein Mittelwert beim Introversionsfragebogen von 40, für die Kontrollgruppe von 47. Da es sich um einen standardisierten psychologischen Fragebogen handelt, wurde von Intervallskalenniveau der Daten ausgegangen. Der Test auf Normalverteilung fiel nicht signifikant aus.

Für die Versuchsgruppe ergab sich ein Arithmetisches Mittel von 40,00 (Standardabweichung: 9,29), für die Kontrollgruppe von 47,00 (Standardabweichung: 11,03). Dieser Mittelwertunterschied ist auf dem zugrunde gelegten Signifikanzniveau von 5 % nicht überzufällig ($t = -1,681$; $df = 22$; $p = 0,107$), weshalb für die Beibehaltung der Nullhypothese zu entscheiden war. Der in den Stichproben gefundene Mittelwertunterschied liegt im zufälligen Bereich.

U-Test

Hintergrund: Auch hier wurden zwei unabhängige Gruppen miteinander verglichen. Da es sich um Daten aus einem nicht standardisierten Persönlichkeitsfragebogen handelt, konnte nicht von Intervallskalenniveau der Daten ausgegangen werden. Es wurde daher ein Vergleich der mittleren Stichprobenränge vorgenommen.

Da die Daten auf Ordinalskalenniveau vorliegen, wurde für den Gruppenvergleich ein Mann-Whitney-U-Test gerechnet. Für die Versuchsgruppe ergab sich ein mittlerer Rang von 11,95, für die Kontrollgruppe von 9,05; dieser Unterschied ist bei Alpha = 5 % nicht signifikant (Mann-Whitney-$U = 35,5$; $p = 0,280$ [exakte Signifikanz]). Die Nullhypothese wird beibehalten.

Chi-Quadrat-Test

Hintergrund: Es wurden Männer und Frauen hinsichtlich ihrer Einstellung zur Chancengleichheit miteinander verglichen. Die Daten stammen aus einem Fragebogen, wobei die ermittelten Testwerte nach dem Median gesplittet wurden, sodass dichotome Daten über positive versus negative Einstellung vorliegen. Somit konnte eine Vierfeldertafel aufgestellt werden, die auf Unabhängigkeit (= Nullhypothese) überprüft wurde.

Es wurde die Alternativhypothese aufgestellt, dass Geschlecht und Einstellung zur Chancengleichheit nicht unabhängig sind. Der Vierfelder-Chi-Quadrat-Test ist auf dem 5 %-Niveau signifikant (Chi-Quadrat nach Pearson = 7,20 [$df = 1$]; $p = 0,007$): Frauen haben eine signifikant positivere Einstellung zur Chancengleichheit als Männer.

11.4 Diskussion und Ausblick

„Man achte sorgsam auf die Trennung von Ergebnisdarstellung und weiterführender Ergebnisinterpretation (*Diskussion*)" (Bortz & Döring, 1999, S. 89). Während im Ergebnisteil die Resultate also in möglichst „objektiver" Form berichtet werden, können sie in der **Diskussion** „subjektiv" interpretiert werden. Das ist jedoch **kein „Freibrief"** für wilde Spekulationen – halten Sie sich an bekannte oder von Ihnen aufgestellte neue Theorie(n), stellen Sie also eine reflektierte Einbindung zu einem transparenten Bezugssystem her. Vielleicht helfen Ihnen die drei folgenden Fragen, wenn Sie Ihre Diskussion vorbereiten:

1. Was war mein **persönlicher Beitrag**?
2. Was hat meine Untersuchung zur **Problemlösung** beigetragen?
3. Welche **Schlussfolgerungen** und theoretischen Implikationen kann ich aus meiner Untersuchung ziehen?

Im Diskussionsteil ist es erlaubt und erwünscht, in der Ich-Form zu schreiben – dies unterstreicht den Umstand, dass die Ergebnisse persönlich und subjektiv interpretiert werden. Dabei dürfen Sie durchaus methodische Mängel Ihrer Untersuchung ansprechen, also etwa, wie sich bestimmte Einschränkungen beispielsweise durch Stichprobenselektionen negativ auf Verallgemeinerungen auswirken könnten.

Oft entstehen während einer Untersuchung neue Fragestellungen, die aber im Rahmen der Arbeit nicht weiterverfolgt werden können. Deshalb wird ein **Ausblick** auf künftige Forschungen gegeben: Welche Ergebnisse Ihrer Arbeit sind aus Ihrer Sicht geeignet, in kommenden Untersuchungen beachtet zu werden? Dabei muss es sich nicht unbedingt um Projekte handeln, die Sie persönlich planen – Sie können durchaus allgemeine Empfehlungen abgeben.

11.5 Einige Zitierregeln

Eine wissenschaftliche Arbeit enthält praktisch immer **Aussagen von anderen AutorInnen**. Es ist unbedingt notwendig, die Herkunft dieser Aussagen durch die Angabe der entsprechenden **Quelle** zu belegen. Unterlässt man dies, läuft man Gefahr, in die Nähe des Plagiatvorwurfes gerückt zu werden. Das ist umso unangenehmer, wenn es einfach nur deshalb geschieht, weil man schlicht „vergessen" hat, verwendete Literatur bzw. das Gedankengut anderer den Gebräuchen entsprechend anzugeben. Es empfiehlt sich, verwendete Literatur gleich beim Schreiben zu notieren, sodass die Stelle jederzeit rasch wieder auffindbar ist!

Wie zu Beginn dieses Kapitels bereits erwähnt, existieren mehrere **Zitationssysteme**, weshalb wir anraten, entsprechende Erkundigungen darüber einzuholen, was in Ihrem Fachbereich gefordert wird.

Zitierregeln sind sehr umfangreich, weshalb im Rahmen dieses Buches nur exemplarisch auf einige wichtige eingegangen werden kann.

Die Herkunft von Gedanken, die von anderen Publikationen übernommen werden, ist zu belegen, indem der Name des Autors bzw. der AutorInnen und das Erscheinungsjahr im laufenden Text genannt werden:

> Bereits bei der Konstruktion von Fragebogen kann versucht werden, die Einflüsse unterschiedlichen Antwortverhaltens zu kontrollieren (Fisseni, 1997).

Wurde die zu zitierende Veröffentlichung von zwei AutorInnen publiziert, sind beide Nachnamen anzuführen, wobei bei Nennung in Klammern das kaufmännische „&", bei Nennung im Text ein „und" geschrieben wird:

> Der Eysenck Personality Profiler verfügt über eine eigene Offenheitsskala, mit der sogar eine stabile Persönlichkeitsdimension gemessen werden soll (Bullheller & Häcker, 1997).

> Einen Hinweis darauf, dass das Antwortverhalten zwischen BewerberInnen um eine Stelle (also: Realsituation) und Personen, die „bloß" an einer Studie teilnehmen, anonym und ohne Konsequenzen (Experimentalsituation), strukturell unterschiedlich ist, liefert eine Studie von Schmit und Ryan (1993).

Bei mehr als zwei AutorInnen wird der/die Erstautor/in mit dem Zusatz „et al." versehen (**beim ersten Bezug** auf dieses Werk werden im Text allerdings sämtliche Autorinnen und Autoren **angeführt**):

> Bedeutsame Faking good Effekte traten besonders in der Abiturientengruppe auf (Stumpf et al., 1984).

Wörtliche Zitate müssen in Anführungszeichen gesetzt und mit der genauen Seitenzahl belegt werden. Wörtliche Zitate müssen in Bezug auf Wortlaut, Rechtschreibung und Interpunktion genau mit dem Original übereinstimmen – Rechtschreib- oder Druckfehler werden also übernommen! Sie können aber durch ein in Klammern gesetztes [sic!] auf den Fehler hinweisen:

> In Anlehnung an Mummendey (1990, S. 127) wird dann von „impression management" gesprochen, wenn die „Selbstdarstellung, das Eindruck-Machen auf andere Personen, die Beeinflussung der Personwahrnehmung von Interaktionspartnern als Hauptzweck selbstbezogener Kognietionen [sic!] gesehen wird".

Wenn ein Zitat aus mehr als vierzig Wörtern besteht, wird es ohne Anführungszeichen und eingerückt als sogenanntes Blockzitat geschrieben. Erstreckt sich das Zitat auf die nachfolgende Seite, wird dies durch den Zusatz „f." (für „folgende") angegeben.

> Im hier interessierenden Kontext trifft folgende Textstelle genau den Kern des Problems „Verfälschbarkeit" (Mummendey, 1990):

Ein Individuum wird vor oder bei der Ausführung einer Verhaltensweise die mögliche Reaktion des anderen auf diese Verhaltensweise antizipieren, und je nachdem, ob die antizipierten Reaktionen für die Person angenehm oder unangenehm, erwünscht oder unerwünscht sind, wird die betreffende Verhaltensweise ausgeführt oder modifiziert oder unterlassen. Dabei spielt das Bild oder der Eindruck, den der Interaktionspartner von dem agierenden Individuum hat bzw. den er von diesem Individuum aufgrund seines gezeigten Verhaltens gewinnt, eine gewichtige Rolle (S. 128 f.).

Obwohl Gedanken, die Sie aus der Literatur übernehmen, grundsätzlich aus der **Originalliteratur** stammen sollten, kann es durchaus einmal vorkommen, dass Sie **Sekundärliteratur** verarbeiten, etwa weil die Originalquelle nicht mehr aufzutreiben ist. Gehen Sie mit Sekundärliteratur allerdings möglichst sparsam um, weil Ihnen durch das Fehlen des Kontexts möglicherweise die ursprüngliche Intention des zitierten Autors bzw. der Autorin entgeht. Im Literaturverzeichnis jedenfalls stehen sowohl das Zitat aus der Original- als auch aus der Sekundärliteratur:

Gemäß dem Modell der Bearbeitung von Persönlichkeits-Items sind immer dann rasche Beantwortungen wahrscheinlich, wenn eine gute Passung von Selbstbild und Item-Inhalt vorliegt (Rogers, 1978, zitiert nach Amelang, 1990).

11.6 Das Literaturverzeichnis

Arbeiten, die im Text erwähnt sind, müssen in einer Literaturliste angeführt werden – und umgekehrt. In der Literaturliste vermerkte Werke müssen im Text zitiert worden sein! Der Sinn dahinter ist der, dass ein/e Leser/in die verwendeten Quellen beschaffen und nachlesen können muss. Dies dient der Transparenz im wissenschaftlichen Prozess.

Einträge im Literaturverzeichnis enthalten Autor/in, Jahr der Publikation, Titel und Publikationsdaten. Es wird entweder der *Buchtitel* oder der Name der *Zeitschrift* kursiv gesetzt. Sehen Sie dazu einige Beispiele:

Werk eines einzelnen Autors/einer einzelnen Autorin:

Fisseni, H. J. (1997). *Lehrbuch der psychologischen Diagnostik*. Göttingen: Hogrefe.

Mummendey, H. D. (1990). *Psychologie der Selbstdarstellung*. Göttingen: Hogrefe.

Werk mehrerer AutorInnen:

Bullheller, S. & Häcker, H. (1998). *Manual zum EPP-D*. Frankfurt: Swets.

Stumpf, H., Angleitner, A., Wieck, T., Jackson, D. & Beloch-Till, H. (1984). *Manual zur Deutschen Personality Research Form*. Göttingen: Hogrefe.

Zeitschriftenbeiträge:

Schmit, M. J. & Ryan, A. M. (1993). The big five in personnel selection: Factor Structure in applicant and nonapplicant populations. *Journal of Applied Psychology, 78(6),* 966–974.

Rogers, T. B. (1978). Experimental evidence for the similarity of personality and attitude responding. *Acta Psychologica, 42,* 21–28.

Amelang, M., Rindermann, H. & Pirron, P. (1990). Beantwortungszeiten von Fragen zu momentanen und überdauernden Eigenschaften. *Zeitschrift für experimentelle und angewandte Psychologie, 4,* 541–564.

Beitrag in einem Herausgeberwerk:

Döbert, R. & Nummer-Winkler, G. (1984). Abwehr- und Bewältigungsprozesse in normalen und kritischen Lebenssituationen. In E. Olbrich & E. Todt (Hrsg.), *Probleme des Jugendalters. Neuere Sichtweisen* (S. 259–295). Berlin: Springer.

11.7 Zusammenfassung des Kapitels

Ein statistischer Auswertungsbericht dient dazu, die Ergebnisse einer Arbeit jenen zu kommunizieren, die daran Interesse haben. Da es keine allgemein verbindliche Form gibt, in der dies zu geschehen hat, hat man sich an die Anforderungen der entsprechenden Institution bzw. des entsprechenden Magazins zu halten. Grundsätzlich folgt der Aufbau allerdings meistens der Form „Problem, Methode, Ergebnisse, Diskussion, Zusammenfassung". Für die Abfassung des Literaturverzeichnisses und die Darstellung von bereits publizierten Resultaten existieren bestimmte Zitierregeln. Das Gedankengut anderer AutorInnen muss ausnahmslos durch entsprechende Zitate belegt werden. Dabei sollte man auf die Verwendung sogenannter Sekundärliteratur ganz verzichten, da Zitate aus dieser – aus dem Zusammenhang gerissen – die ursprünglichen Intentionen des Autors bzw. der Autorin möglicherweise nicht korrekt wiedergeben.

Statistische Berichte werden in der Mitvergangenheitsform verfasst, auf die „Ich-Form" wird – außer im Diskussionsteil – generell verzichtet.

11.8 Übungsbeispiele

Überprüfen Sie Ihr Wissen und versuchen Sie, die fünf Übungsbeispiele zu lösen:

1. Aus welchen Teilen besteht normalerweise ein Bericht? Beschreiben Sie bitte in jeweils einem Satz die wesentlichen Merkmale.
2. Wie bewerten Sie folgende Ergebnisdarstellung?
   „Ich berechnete einen Chi-Quadrat-Test, der signifikant ausfiel (p < 0,05), weshalb ich mich für die Annahme der Alternativhypothese, dass die Behandlung B der Behandlung A überlegen war, entschied."
3. Welche drei Fragen helfen Ihnen bei der Formulierung des Ergebnisteils?
4. Sie möchten den Autor Thomas Köhler sinngemäß zitieren. Dieser schrieb: „Das wichtigste Mittel der Beweisführung in der Inferenzstatistik ist der statistische Induktionsschluss." Zu finden ist das Zitat in dem Buch: Thomas Köhler, Statistik für Psychologen, Pädagogen und Mediziner, erschienen 2004 im Kohlhammer Verlag, Stuttgart, auf Seite 159. Wie könnten Sie das Zitat in einen Text einbauen und wie lautet das korrekte Zitat im Literaturverzeichnis?
5. Aus welchem Grund wird empfohlen, auf Zitate aus der Sekundärliteratur möglichst zu verzichten?

Die Lösungen zu den Übungsbeispielen finden Sie im Anhang auf Seite 180 f.

Anhang

Lösungen zu den Übungsbeispielen

Kapitel 1

Ad Frage 1:
Zusammenfassend bezeichnen wir alle statistischen Methoden zur Beschreibung von Daten einer Stichprobe in Form von Grafiken, Tabellen oder einzelnen Kennwerten (Lagemaße bzw. Streuungsmaße) als deskriptive (beschreibende) Statistik.

Ad Frage 2:
Die Inferenzstatistik ermöglicht im Gegensatz zu deskriptiven Methoden, über die bestehende Stichprobe hinaus Aussagen über die dahinterstehende Grundgesamtheit zu treffen. Es müssen dazu Hypothesen formuliert werden.

Ad Frage 3:
Einfache Zufallsstichprobe, geschichtete Zufallsstichprobe, Klumpenstichprobe und Ad-hoc-Stichprobe.

Ad Frage 4:
Abhängige Stichproben: Typisch für abhängige Stichproben ist das zwei- oder mehrmalige Untersuchen derselben Personen, also beispielsweise vor und nach einem Therapieprogramm.
    Unabhängige Stichproben: Die Stichproben bestehen aus Elementen, die voneinander unabhängig sind, d. h., wer zur Stichprobe A gehört, kann nicht Teil der Stichprobe B sein.

Ad Frage 5:
Man spricht von einer repräsentativen Stichprobe, wenn sie die Grundgesamtheit möglichst genau abbildet. Je besser diese kleine Teilmenge die Grundgesamtheit abbildet, desto präzisere Aussagen können über sie gemacht werden.

Kapitel 2

Ad Frage 1:
Nominal-, Ordinal-, Intervall- und Verhältnisskala.

Ad Frage 2:
Eine Intervallskala ordnet den Objekten eines empirischen Relativs Zahlen zu, die so geartet sind, dass die Rangordnung der Zahlendifferenzen zwischen je 2 Objekten der Rangordnung der Merkmalsunterschiede zwischen je 2 Objekten entspricht" (Bortz, S. 23). Variablen, bei denen der Differenz (Intervall) zwischen zwei Werten eine empirische Bedeutung zukommt, nennt man intervallskaliert.

Ad Frage 3:
Verhältniskalenniveau – Aussagen, wie Person A ist halb so alt wie Person B, sind zulässig. Es gibt einen absoluten Nullpunkt.

Ad Frage 4:
Ordinalskalenniveau – es handelt sich um Aussagen, wie Person A, die 20 % ankreuzt, ist unsportlicher als Person B, die 70 % ankreuzt. Es wird eine Rangordnung wiedergegeben.

Ad Frage 5:
Die Verhältnisskala verfügt über einen absoluten, in der Natur auffindbaren Nullpunkt.

Kapitel 3

Ad Frage 1:
Ideensammlung, Replikation von Untersuchungen, Mitarbeit an Forschungsprojekten, Fallstudien, Introspektion, Beobachtung paradoxer Phänomene, Analyse von Faustregeln.

Ad Frage 2:
Das formulierte Thema stellt den Arbeitstitel dar. Es ist ein Überbegriff, der für die Bearbeitung des Themas immer als Orientierung dient.
Die Forschungsfrage ist eine beantwortbare, konkret eingegrenzte Frage. Die ganze Arbeit in einer Frage zu formulieren, kann einen ersten Versuch zur Formulierung darstellen.

Ad Frage 3:
Explorativ: Dieser Ansatz ist erkundend und wird eher bei unbekannten Themenbereichen gewählt.
Deskriptiv: Es handelt sich dabei um einen beschreibenden Zugang.
Explanativ: Dieser Ansatz verfolgt die Ableitung bzw. Überprüfung von gut begründeten Hypothesen und Theorien.

Ad Frage 4:
Eine unspezifische Hypothese behauptet, dass ein Effekt vorliegt, kann ihn aber nicht konkretisieren. Eine spezifische Hypothese trifft genaue Aussagen über den Betrag des Effektes bzw. der Effektgröße.

Ad Frage 5:
Der Begriff Forschungsdesign wird auch Versuchsplan genannt. Er stellt die Basis für jede wissenschaftliche Untersuchung dar. Er ist quasi die Anleitung zur Untersuchung, in der definiert wird, wie die Fragestellung erhoben wird.

Kapitel 4

Ad Frage 1:
Ein Vorteil liegt sicherlich darin, dass die beantwortende Person sich nicht an die vorgegebenen Kategorien halten muss. Dies kann allerdings wiederum für viele Personen auch einen Nachteil darstellen, wenn ihre Verbalisierungsfähigkeit eingeschränkt ist. Weitere Einschränkungen können auch im motorischen Bereich, z. B. bei alten Menschen, entstehen.

Ein wesentlicher Kritikpunkt betrifft auch die Auswertung von offenen Fragen. Sie kann
sich als sehr schwierig und zeitaufwendig darstellen, da die Antworten signiert werden
müssen.

Auffällig erscheint auch, dass beim offenen Antwortformat die Beantwortung oft verweigert wird. Personen sind eher bereit, vorgefertigte Kategorien zu beantworten, als selbst zu
verbalisieren.

Ad Frage 2:
- Klare und kurze Darstellung der Person und eventuell der Einrichtung, für welche die Er-
  hebung durchgeführt wird.
- Grobe Darstellung der Fragestellung und eine Erklärung über die Weiterverwendung der
  gewonnenen Daten.
- Die Bitte zum vollständigen Ausfüllen der Fragen und der Hinweis, dass jede Antwort
  wichtig ist.
- Die Bitte um aufrichtige und rasche Beantwortung der Items mit dem Hinweis, dass es
  weder richtige noch falsche Antworten gibt.
- Zusicherung der Anonymität, falls sie auch wirklich gewährleistet werden kann.
- Dank für die Bearbeitung des Fragebogens.

Ad Frage 3:
- Die vorgegebenen Items sollten kurz und prägnant sein, allerdings nicht auf Kosten der
  Qualität.
- Zu Beginn sind sogenannte Eisbrecher bzw. Aufwärmfragen empfehlenswert, die das
  Thema einleiten und Interesse wecken sollen.
- Suggestive, stereotype oder stigmatisierende Formulierungen von Items sollten vermie-
  den werden.
- Formulierungen wie „immer", „alle", „keiner", „niemals" sollten vermieden werden, da
  sie von den UntersuchungsteilnehmerInnen als unrealistisch angesehen werden.
- Für die Ermittlung von Einstellungen sind Itemformulierungen ungeeignet, mit denen
  wahre Sachverhalte dargestellt werden. Z. B. erhöht eine schlechte berufliche Qualifikation das Risiko für Erkrankungen. Die Zustimmung zu diesem Item würde keine Meinung, sondern Fachwissen über die Zusammenhänge signalisieren.

Ad Frage 4:
Bei einer Ratingskala hat die befragte Person die Möglichkeit, mehr als zwei abgestufte Antwortkategorien zur Beantwortung heranzuziehen. Es wird von einer Rangordnung ausgegangen und die Kategorien sind itemunspezifisch formuliert.

Es können unipolare und bipolare Skalen unterschieden werden, die eine unterschiedliche Anzahl von Abstufungen aufweisen, welche ungerade oder gerade sein können, also mit oder ohne eine Mittelkategorie. Sie können sich auch in der Art der Etikettierung unterscheiden. Es kann eine Benennung mit Zahlen, Worten oder symbolisch erfolgen.

Ad Frage 5:

Absichtliche Verstellung: Den meisten Personen fällt die Übernahme von verschiedenen Rollen bei der Beantwortung von Fragebogen nicht schwer. Sie können sich, je nachdem, was von ihnen gefordert wird, gut in die Situation versetzen und die von ihnen erwartete Rolle übernehmen.

Soziale Erwünschtheit: Man versteht darunter die Tendenz von Versuchspersonen, die Items eines Fragebogens in die Richtung zu beantworten, die ihrer Meinung nach der sozialen Norm entspricht.

Akqieszenz: Darunter wird die Bereitschaft, „ja" zu sagen, verstanden – Personen beantworten unabhängig vom Inhalt Fragen immer mit „ja".

Bevorzugung von extremen, unbestimmten oder besonders platzierten Antwortkategorien: Es gibt z. B. Personen, die bei der Beantwortung der Fragen eher den Mittelbereich wählen und den Außenbereich meiden. Man spricht dann von der Tendenz zur Mitte.

Wahl von Antwortmöglichkeiten, die eine bestimmte Länge, Wortfolge oder seriale Position aufweisen: Es handelt sich hier um Urteilsverzerrungen, die sich aufgrund der Position (z. B. der Anfang oder das Ende des Fragebogens) ergeben.

Verfälschung aufgrund der Tendenz zu raten oder aufgrund einer raschen Bearbeitung des Fragebogens.

Kapitel 5

Ad Frage 1:
Es ist empfehlenswert, die Fragebogen mit einer fortlaufenden Nummer zu kennzeichnen. Dieser Vorgang kann bei Auffälligkeiten im Datensatz oder fehlenden Werten, wenn man nachsehen möchte, sehr viel Zeit ersparen. Es ist damit eine gewisse Nachvollziehbarkeit gewährleistet.

Zusätzlich sollen auf einem leeren Fragebogen die Variablenbezeichnungen, die gewählt wurden, und die dazugehörigen Kodes/Zahlen vermerkt werden. Diesen Vorgang nennt man Erstellung eines Kodeplans. Damit kann bei der Bearbeitung oder auch nach einer längeren Arbeitspause ein rascher Wiedereinstieg in die Datenübersicht erfolgen.

Ad Frage 2:
In einem Kodeplan bekommen die einzelnen Variablen (also Fragen) eines Fragebogens Namen zugeordnet und ihre Merkmalsausprägungen Zahlen. Bei diesem Vorgang spricht man dann von Kodierung.

Ad Frage 3:
Ein Label zu vergeben, bedeutet, eine nähere Beschreibung der Variable, eine Etikette, zu vergeben. Mit ihrer Definition kann das Wiedererkennen bei der Bearbeitung der Variable erleichtert werden.

Ad Frage 4:
Selbstverständlich können sich bei der Dateneingabe per Hand Eingabefehler einschleichen. Um sie zu identifizieren, ist ein Datencheck empfehlenswert. Ein Zugang dazu ist die Bestimmung der Maxima bzw. Minima sowie der Lage- bzw. Streuungsmaße. So wird ersichtlich, ob zulässige Grenzen überschritten werden.

Ein weiterer Zugang liegt in der Überprüfung durch Kreuztabellen. Diese können bei näherer Betrachtung „Unmöglichkeiten" zum Vorschein bringen.

Falls man auf Auffälligkeiten stößt, können sie in den Originaldaten eingesehen werden und der Fehler kann behoben werden.

Ad Frage 5:
In der Praxis stößt man oft auf Fragen, die mit Teilgruppen des Datensatzes zu beantworten sind. Ein klassisches Beispiel wäre die Differenzierung zwischen Männern und Frauen hinsichtlich des Durchschnittseinkommens. Angenommen, wir möchten das durchschnittliche Einkommen nur für Frauen berechnen, da dieses in Österreich bekanntlich um bis zu ein Drittel niedriger als das der Männer ist. Für diesen Fall kann man aus dem Datensatz nur die Variable „Einkommen für Frauen" filtern.

Kapitel 6

Ad Frage 1:
Sie können zur ersten Visualisierung der Daten dienen. Sie werden in Form von Tabellen, Diagrammen, einzelnen Kennwerten und Grafiken dargestellt. In erster Linie geht es um die Beschreibung der Daten. Es soll mit der Darstellung ein guter Überblick gegeben werden.

Ad Frage 2:
Kontingenztafeln werden auch Kreuztabellen genannt. Mit ihrer Hilfe können absolute Häufigkeiten bestimmter Ausprägungen von Merkmalen dargestellt werden. Es werden zusätzlich Beziehungen der Häufigkeitsverteilungen mehrerer Merkmale untereinander veranschaulicht.

Im Spezialfall nominalskalierter Variablen mit mehr als zwei Ausprägungen stellt diese Darstellungsform die einzige Möglichkeit dar, Beziehungen unter den Variablen zu erkunden.

Es gibt zweidimensionale Kontingenztafeln (Vierfeldertafeln) für dichotome variable oder mehrdimensionale für Variablen mit mehr als zwei Merkmalsausprägungen.

Ad Frage 3:

Mit Balkendiagrammen können Häufigkeiten von nominal- oder ordinalskalierten Variablen dargestellt werden.

Mit Histogrammen stellt man Häufigkeitsverteilungen von intervallskalierten Variablen dar. Bei vielen unterschiedlichen Werten macht deren Umsetzung in ein Balkendiagramm keinen Sinn, denn das Diagramm wäre zu differenziert und unübersichtlich. Deshalb werden die Werte in Klassen zusammengefasst und dann abgebildet. Im Unterschied zum Balkendiagramm scheinen beim Histogramm keine Zwischenräume zwischen den Balken auf. Mithilfe von Boxplots können der Median und die beiden Quartile von intervallskalierten Variablen dargestellt werden. Bei einem Boxplot markiert die untere Linie den kleinsten und die obere Linie den größten Wert. Die untere Begrenzung der Box ist das erste Quartil (25 %), die obere Begrenzung das dritte Quartil (75 %) und die mittlere Linie kennzeichnet den Median (50 %).

Die Streudiagramme werden eingesetzt, wenn nicht nur die Werteverteilung der Variablen, sondern auch ihre Zusammenhänge interessant sind. Die Werte werden im Koordinatensystem als Paare aufgetragen. Jedes Wertepaar ergibt einen Punkt. Die Form der Punktwolke gibt Aufschluss über die Stärke und die Form des Zusammenhangs.

Ad Frage 4:

Das Arithmetische Mittel ist wohl das bekannteste Lagemaß. Es wird oft auch einfach nur Mittelwert genannt. Alltagssprachlich spricht man oft vom Durchschnittswert. Das Arithmetische Mittel ist das passende Lagemaß für intervallskalierte und normalverteilte Daten. Falls diese Voraussetzungen nicht gegeben sind, kann der Median berechnet werden.

Es ist dies der Wert einer Verteilung, der genau die Mitte trennt. Jeweils die Hälfte der Messwerte liegt oberhalb bzw. unterhalb des Medians. Er ist das passende Lagemaß für ordinalskalierte und/oder nicht normalverteilte Variablen.

Falls wiederum diese Voraussetzungen nicht gegeben sind, kann der Modalwert (Modus) berechnet werden. Er ist für nominalskalierte Variablen geeignet und seine Aussagekraft ist sehr eingeschränkt, da er nur der häufigste Wert in einer Stichprobe ist.

Ad Frage 5:

Die Varianz ist die durchschnittlich quadrierte Abweichung vom Mittelwert. Sie gehört als Dispersionsmaß zum Arithmetischen Mittel. Um ihre inhaltliche Interpretation in Zusammenhang mit dem Mittelwert zu ermöglichen, zieht man aus ihr die Quadratwurzel und erhält die Standardabweichung, ein lineares Maß. Sie lässt deshalb eine einfache Interpretation zu, weil sie dieselbe Maßeinheit wie der Mittelwert hat.

Der Quartilabstand wird berechnet, wenn die Voraussetzungen zur Berechnung der Varianz nicht gegeben sind. Er ist das dazugehörige Dispersionsmaß für den Median. Das erste Quartil schneidet die unteren 25 % der Verteilung ab, das zweite die unteren 50 % (Median) und das dritte die unteren 75 %.

Ein drittes Streuungsmaß stellt die Spannweite dar. Sie ist auch unter dem Begriff „Range" bekannt und stellt die Ausdehnung zwischen dem Maximum und Minimum dar. Ihre Aussagekraft ist leider sehr begrenzt, da sie keinerlei Angaben über dazwischenliegende Messwerte macht.

Als letztes Maß werden die Perzentilwerte genannt. Bei der Betrachtung der Spannweite kann es durch Extremwerte zu Verzerrungen kommen. Es wäre in diesem Fall ratsam, die Streuung von eingeschränkten Bereichen zu betrachten, wie z. B. nur die mittleren 80 %.

Kapitel 7

Ad Frage 1:
Die Deskriptivstatistik befasst sich mit der (reinen) Beschreibung von Stichproben, während die Inferenz- oder schließende Statistik ausgehend von Stichproben Wahrscheinlichkeitsaussagen über die dahinterstehende Grundgesamtheit macht.

Ad Frage 2:
Die Nullhypothese ist eine Hypothese, welche die Aussage enthält, dass zwei Grundgesamtheiten hinsichtlich eines Parameters, wie z. B. des Erwartungswertes („Mittelwert"), übereinstimmen. Sie wird normalerweise aufgestellt, um verworfen zu werden.

Die Alternativhypothese behauptet inhaltlich das Gegenteil und enthält normalerweise das, was der/die WissenschaftlerIn „glaubt".

Wichtig: Statistische Hypothesen beziehen sich nicht auf die Stichprobe, sondern auf die Grundgesamtheit (über Stichproben bräuchte man keine Hypothesen aufzustellen).

Ad Frage 3:
Das Signifikanzniveau Alpha wird vor der Untersuchung auf einen bestimmten Wert festgelegt, z. B. 5 %, 1 % oder 0,1 %. Die Nullhypothese wird genau dann verworfen, wenn sich aufgrund einer Stichprobe ein Resultat ergibt, das eben bei Gültigkeit der Nullhypothese unwahrscheinlich ist. Diese Grenze der „Unwahrscheinlichkeit" bestimmt das Signifikanzniveau.

Der p-Wert hingegen resultiert aus den vorliegenden Daten und gibt die Wahrscheinlichkeit an, mit der man sich irrt, wenn man die Nullhypothese ablehnt (also die Alternativhypothese annimmt).

Ad Frage 4:
Ein statistischer Test erlaubt, Rückschlüsse ausgehend von Stichproben auf die Grundgesamtheit (Population) zu ziehen. Es werden also Hypothesen über die Grundgesamtheit geprüft – das Mittel dazu ist der statistische Test. Dieser führt für jede Stichprobe die Entscheidung herbei, ob das Stichprobenergebnis vorher aufgestellte Hypothesen stützt oder nicht. Das Kriterium dafür ist letztlich der p-Wert.

Ad Frage 5:
Wird eine Nullhypothese geprüft, sind zwei Fehlentscheidungen möglich. Der Fehler erster Art resultiert, wenn eine in der Population gültige Nullhypothese abgelehnt wird („unberechtigte Ablehnung der Nullhypothese"), der Fehler zweiter Art resultiert, wenn die Nullhypothese unberechtigterweise beibehalten wird.

Unter der Power („Macht") eines Tests versteht man die Wahrscheinlichkeit, eine richtige Alternativhypothese als solche zu erkennen.

Kapitel 8

Ad Frage 1:
Nullhypothese: „Die beiden Gruppen unterscheiden sich hinsichtlich des mittleren Alters nicht (in der Grundgesamtheit)."
Alternativhypothese: „Die beiden Gruppen unterscheiden sich hinsichtlich des mittleren Alters (in der Grundgesamtheit)."

Test auf Normalverteilung:

Gruppe „Gute Berufsaussichten = nein": p = 0,900
Gruppe „Gute Berufsaussichten = ja": p = 0,982

Es kann davon ausgegangen werden, dass die Stichproben normalverteilten Grundgesamtheiten entstammen.

t-Test für unabhängige Stichproben:

t-Test bei unabhängigen Stichproben

		Levene-Test der Varianzgleichheit		T-Test für die Mittelwertgleichheit		
		F	Signi-fikanz	T	df	Sig. (2-seitig)
Alter in Jahren	Varianzen sind gleich	,405	,532	-1,039	18	,313
	Varianzen sind nicht gleich			-,997	11,055	,340

Der Levene-Test der Varianzgleichheit ist nicht signifikant, weshalb das Ergebnis des t-Tests interpretiert werden darf. Der p-Wert ist mit p = 0,313 nicht signifikant – der Stichprobenunterschied des mittleren Alters ist mit der Nullhypothese verträglich, weshalb diese beibehalten wird.

Ad Frage 2:
Der U-Test entspricht im Wesentlichen dem t-Test: Er vergleicht zwei unabhängige Stichproben hinsichtlich ihrer „zentralen Tendenz", allerdings verwendet er nicht die Arithmetischen Mittel, sondern die Mittleren Ränge. Der U-Test hat keine so strengen Voraussetzungen wie der t-Test: keine Normalverteilung, keine Varianzhomogenität und kein metrisches Skalenniveau (es wird Ordinalskalenniveau vorausgesetzt). Die Messwerte werden über beide Gruppen der Größe nach geordnet. Dann werden Rangplätze vergeben und die für die beiden Gruppen mittleren Rangplätze berechnet. Unter Annahme der Nullhypothese sollten diese nicht verschieden sein – je größer die Differenz der mittleren Rangplätze, desto mehr spricht dies für die Ablehnung der Nullhypothese.

Ad Frage 3:
Nullhypothese: „Geschlecht und Ernährungsprobleme sind unabhängig."
Alternativhypothese: „Geschlecht und Ernährungsprobleme sind abhängig."

Da es Zellen mit erwarteten Häufigkeiten kleiner 5 gibt, wird der exakte Test nach Fisher interpretiert. Der p-Wert ist mit $p = 0{,}07$ nicht signifikant, das heißt, die Nullhypothese der Unabhängigkeit wird beibehalten.

Ad Frage 4:
Nullhypothese: „Die beiden Gruppen unterscheiden sich hinsichtlich der Mittleren Ränge nicht."
Alternativhypothese: „Die beiden Gruppen unterscheiden sich hinsichtlich der Mittleren Ränge."

Trotz des Stichproben-Unterschieds der Mittleren Ränge (8,06 in der Gruppe „nein" und 12,5 in der Gruppe „ja") kann nicht davon ausgegangen werden, dass es in „Wirklichkeit" Unterschiede gibt: Der U-Test ist nicht signifikant (exakte Signifikanz: $p = 0{,}095$), das heißt, die ermittelten Stichprobenunterschiede bewegen sich noch im Zufallsbereich.

Ad Frage 5:
Beide Tests werden verwendet, wenn es sich um verbundene Stichproben handelt. Meistens handelt es sich dabei um einen „Vorher-Nachher"-Vergleich. Der t-Test für abhängige Stichproben verlangt metrisches Skalenniveau und Normalverteilung der Differenzvariable. Der Wilcoxon-Test hat diese Voraussetzung nicht: Hier werden die Differenzen gereiht.

Kapitel 9

Ad Frage 1:
Bei der Regressionsrechnung geht es darum, aus einer unabhängigen eine abhängige Variable vorherzusagen. Bei der Korrelationsrechnung wird ein gegebener Zusammenhang festgestellt. Die aus der Regressionsrechnung resultierende Prognose wird aber nur dann „gut" sein, wenn ein hoher Zusammenhang zwischen den beiden Variablen besteht. Korrelieren die beiden Variablen nicht oder nur gering miteinander, wird auch die Güte der Regression gering sein.

Ad Frage 2:
Da die Variable A1.5 dichotom (1 ist vorhanden, wenn das Item angekreuzt wurde, 0, wenn es nicht angekreuzt wurde), die Variable C1.4 metrisch ist, ist eine punkt-biseriale Korrelation zu verwenden.

Tabelle: Korrelationen

Korrelationen

		Probleme mit	Bewegung
Probleme mit Ernährung	Korrelation nach Pearson Signifikanz (2-seitig) N	1 . 20	-,047 ,843 20
Bewegung pro Woche	Korrelation nach Pearson Signifikanz (2-seitig) N	-,047 ,843 20	1 . 20

Aus dem Output ist ersichtlich, dass es nahezu keinen Zusammenhang gibt: r = -0,047. Die beiden Variablen korrelieren also praktisch nicht miteinander.

Ad Frage 3:
Der Zusammenhang zwischen beiden Variablen ist gering: r = 0,261. Deshalb ist die Anwendung der Regressionsrechnung problematisch, da die Güte der Prognose gering sein wird.

Die Geradengleichung lautet: Bewegung (geschätzt) = 0,258 * Alter – 1,386.

Für eine 25-jährige Person wird ein wöchentliches Bewegungspensum von 5,06 Stunden prognostiziert.

Ad Frage 4:
1. Die Anwendung der Produkt-Moment-Korrelation ist nicht sinnvoll, da es sich um einen nicht-linearen Zusammenhang handelt.
2. Die Anwendung der Produkt-Moment-Korrelation ist zwar sinnvoll, aber der Zusammenhang ist gering; r = 0,056
3. Die Anwendung der Produkt-Moment-Korrelation ist sinnvoll, da es sich um einen linearen Zusammenhang handelt; r = 0,80

Ad Frage 5:
Es ist nicht anzunehmen, dass die Qualität der Schreibschrift und die Schuhgröße kausal korrelieren. Es gibt wohl eine Drittvariable, welche den ermittelten Zusammenhang erklären kann: das Alter. Je älter ein Schüler ist, desto größer sind seine Füße, und je älter der Schüler ist, desto höher ist auch seine sensomotorische Geschicklichkeit. Partialisiert man das Alter heraus, wird ein Korrelationskoeffizient in der Höhe um r = 0 resultieren.

Kapitel 10

Ad Frage 1:
Es wird die Varianz der Messwerte in zwei Komponenten zerlegt: in die „Varianz zwischen" und die „Varianz innerhalb". Die einfaktorielle Varianzanalyse für unabhängige Stichpro-

ben ist eine Verallgemeinerung des t-Tests für unabhängige Stichproben – es können mehr als zwei Gruppen simultan verglichen werden. Unter der Alternativhypothese unterscheiden sich zumindest zwei Gruppenmittelwerte voneinander.

Ad Frage 2:
Der Levene-Test prüft auf Gleichheit der Varianzen („Nullhypothese"). Ein p-Wert von 0,567 führt zur Beibehaltung der Nullhypothese, d. h., es kann von Varianzhomogenität in der Grundgesamtheit ausgegangen werden. Damit ist eine der Voraussetzungen der Varianzanalyse gegeben.

Ad Frage 3:
a) Metrisches Skalenniveau der abhängigen Variable
b) Normalverteilung der Daten in der Grundgesamtheit
c) Varianzhomogenität der Daten in der Grundgesamtheit

Ad Frage 4:
Bei der Varianzanalyse für unabhängige Daten werden Messwerte von jeder Person zu einem Zeitpunkt erhoben, im anderen Fall sind es wiederholte Messungen, es gibt dann also mehrere Messzeitpunkte. Daraus ergibt sich, dass im Fall der unabhängigen einfaktoriellen Varianzanalyse jede Person nur einmal in die Berechnung eingeht.

Ad Frage 5:
Eine Wechselwirkung beschreibt den gemeinsamen Einfluss bestimmter Faktorstufen auf die abhängige Variable – einen Einfluss also, der nur durch die gemeinsame Wirkung zweier Faktorstufen entsteht.

Kapitel 11

Ad Frage 1:
Problem/Theoretischer Teil: Es wird bearbeitete Literatur kurz dargestellt; dieser Teil beinhaltet noch keine eigenen Ergebnisse.

Methodenteil: Es wird das eigene Vorgehen so exakt beschrieben, dass andere die Untersuchung wiederholen könnten.

Ergebnisteil: Die Resultate aus den statistischen Berechnungen werden berichtet, dabei müssen die Teststatistiken exakt angegeben werden, also nicht nur der exakte p-Wert (beispielsweise „p = 0,376"), sondern beispielsweise der exakte t-Wert mit den Freiheitsgraden (beispielsweise: „t = 1,68, df = 22").

Diskussion und Ausblick: In diesem Teil sollen eigene subjektive Interpretationen einfließen und ein Ausblick auf mögliche künftige Forschungen gegeben werden.

Ad Frage 2:
1. Auf die „Ich-Form" ist im Ergebnisteil zu verzichten.
2. Es fehlen der exakte p-Wert sowie der Chi-Quadrat-Wert und die Freiheitsgrade.

Ad Frage 3:
1. Was war mein persönlicher Beitrag?
2. Was hat meine Untersuchung zur Problemlösung beigetragen?
3. Welche Schlussfolgerungen und theoretischen Implikationen kann ich aus meiner Untersuchung ziehen?

Ad Frage 4:
Im laufenden Text (mögliche Beispiele):
Wie Köhler (2004) feststellte, ist der Induktionsschluss das wichtigste Mittel zur Beweisführung in der Inferenzstatstik.

Oder:
Köhler (2004) stellte fest, dass das „wichtigste Mittel der Beweisführung in der Inferenzstatistik" (S. 159) der Induktionsschluss sei.

Im Literaturverzeichnis:
Köhler, T. (2004). *Statistik für Psychologen, Pädagogen und Mediziner.* Stuttgart: Kohlhammer.

Ad Frage 5:
Der Grund liegt darin, dass Zitate aus der Sekundärliteratur möglicherweise aus dem Zusammenhang gerissen sind und mir als AutorIn der Kontext des Zitats zumeist nicht bekannt ist. So kann es passieren, dass Zitate als Belege für eine Argumentation verwendet werden, die so vom/von der ursprünglichen AutorIn nicht gemeint war.

12.2 Beispiel: Fragebogen zur Studien- und Lebenssituation bei Studierenden

Fragebogen zur Studien- und Lebenssituation bei Studierenden der Ernährungswissenschaften im Jahr 2008

Fragebogen-Nr.
(nicht ausfüllen!)

Sehr geehrte Studierende,

im Auftrag des Fonds zur Förderung des studentischen Wohls (FFSW) führen wir im Zeitraum November 2008 bis Dezember 2008 eine schriftliche Befragung Studierender im Fach Ernährungswissenschaften zu den Bereichen Studienwahl und Lebenssituation durch. Zweck dieser Befragung ist, genauere Kenntnisse darüber zu gewinnen, was die Studierenden zur Wahl ihres Studiums bewogen hat, wie die allgemeine Studiensituation eingeschätzt wird und in welcher Lebenssituation sie sich befinden. Die Antworten werden vertraulich behandelt und dienen ausschließlich der späteren statistischen Analyse. Die Ergebnisse der Befragung werden ab dem Mai 2009 auf der Homepage des FFSW (www.ffswbefragung.info) veröffentlicht werden.

Die Befragung wird von der Firma ask4solutions durchgeführt. Für Rückfragen schreiben Sie bitte ein Mail an: office1ask4solutions.at

A. Studienwahl und Studiensituation

A1   Was hat Sie dazu bewogen, das Studium der Ernährungswissenschaften zu inskribieren? (Mehrfachantworten möglich)

A1.1	Allgemeines Interesse an Ernährungsthemen	A1.4	Interesse am Umgang mit Menschen	
A1.2	Gute Berufsaussichten nach dem Studium	A1.5	Persönliche Probleme mit der Ernährung	
A1.3	Interesse an Naturwissenschaften	A1.6	Anderes, und zwar:_____	

A2   Wie zufrieden sind Sie mit folgenden Bereichen Ihres Studiums?

		sehr zufrieden				nicht zufrieden
A2.1	Fachliche Betreuung der Studierenden vonseiten der Professoren					
A2.2	Größe der Hörsäle und Seminarräume					
A2.3	Ausstattung der Labors					
A2.4	Persönlicher Umgang der Institutsmitarbeiter/innen mit den Studierenden					
A2.5	Ausstattung der Bibliotheken mit Fachliteratur					

B. Lebenssituation

Wie zufrieden sind Sie mit folgenden Bereichen Ihres Lebens?

B1.1	Wohnsituation					
B1.2	Finanzielle Situation					
B1.3	...					

C. Zur Person

Da Sie sich für ein Studium entschieden haben, das viel mit Gesundheit und Ernährung zu tun hat, bitten wir Sie abschließend neben allgemeinen Angaben auch um Angaben zu einigen körperlichen Parametern wie Größe und Gewicht.

C1.1	Sie sind ▇ männlich ▇ weiblich	
C1.2	Sie sind _____ Jahre alt	
C1.3	Sie sind _____ Kilogramm schwer bei einer Körpergröße von _____ Zentimetern	
C1.4	Wie viele Stunden pro Woche machen Sie im Schnitt körperlich Bewegung – dazu zählen auch „Alltagstätigkeiten" wie Gartenarbeit, Fahrradfahren, etc.	ca. _____ Stunden pro Woche
C1.5	Als wie sportlich würden Sie sich selbst auf einer Skala von 0 % bis 100 % einstufen?	

0%	10%	20%	30%	40%	50%	60%	70%	80%	90%	100%

total <u>un</u>sportlich   total sportlich

Vielen Dank für Ihre Mitarbeit!

Literaturverzeichnis

Amelang, M. & Bartussek, D. (2001). *Differentielle Psychologie und Persönlichkeitsforschung* (5. aktualisierte und erweiterte Aufl.). Stuttgart: Kohlhammer.

Benesch, M. (2003). *Zur Verfälschbarkeit von Persönlichkeitsfragebogen und Objektiven Persönlichkeitstests.* Unveröffentliche Dissertation, Universität Wien.

Bortz, J. (1999). *Statistik für Sozialwissenschaftler* (5., vollständig überarbeitete Aufl.). Berlin: Springer-Verlag.

Bortz, J. & Döring, N. (2002). *Forschungsmethoden und Evaluation für Human- und Sozialwissenschaftler* (3., überarbeitete Aufl.). Berlin: Springer-Verlag.

Bühl, A. (2006). *SPSS 14. Einführung in die moderne Datenanalyse.* München: Pearson.

Bühner, M. (2004). *Einführung in die Test – und Fragebogenkonstruktion.* München: Pearson Studium.

Davis, S. & Smith, R. (2005). *Statistics and Research Methods.* Upper Saddle River: Pearson.

Eder, A. (2003). *Statistik für Sozialwissenschaftler* (2., verbesserte Aufl.). Wien: Facultas Verlags- und Buchhandels AG.

Huber, O. (2005). *Das psychologische Experiment: Eine Einführung* (4. überarbeitete und ergänzte Aufl.). Bern: Verlag Hans Huber.

Karmasin, M. & Ribing, R. (2007). *Die Gestaltung wissenschaftlicher Arbeiten. Ein Leitfaden für Haus- und Seminararbeiten, Magisterarbeiten, Diplomarbeiten und Dissertationen* (2., aktualisierte Aufl.). Wien: Facultas Verlags- und Buchhandels AG.

Karner, T. (1993). *Eine empirische Anwendung des Modells von Müller für kontinuierliche Antwortskalen (mittels des computerisierten Meyer-Briggs-Typenindikator).* Unveröffentlichte Diplomarbeit, Universität Wien.

Karner, T. (1999). Eine systematische Untersuchung der Auswirkungen verschiedener Antwortmodi auf die Qualität Psychologischer Fragebogen. Diss. Univ. Wien, Wien.

Kirchhoff, S., Kuhnt, S., Lipp, P. & Schlawin, S. (2006). *Der Fragebogen. Datenbasis, Konstruktion und Auswertung* (3., überarbeitete Aufl.). Wiesbaden: VS Verlag für Sozialwissenschaften.

Köhler, T. (2004). *Statistik für Psychologen, Pädagogen und Mediziner.* Stuttgart: Kohlhammer.

Kubinger, K. D. (1995). *Einführung in die Psychologische Diagnostik.* Weinheim: Psychologie Verlags Union.

Mayrhofer, H. & Raab-Steiner, E. *Wissens- und Kompetenzprofile von SozialarbeiterInnen.* Wien: Dep. Soziale Arbeit, FH Campus Wien.

Mummendey, H. D. (2003). *Die Fragebogen-Methode.* Göttingen: Hogrefe.

Raab-Steiner, E. (2000). *Die Verfälschbarkeit, Skalierung und Validität von Persönlichkeitsfragebogen mit dichotomen, analogen und Q-Sort-Antwortformaten.* Unveröffentlichte Diplomarbeit, Universität Wien.

Raab-Steiner, E. (2005). *Konzeption und testtheoretische Analyse eines Inventars zur differentiellen Aggressivitätsdiagnostik.* Unveröffentlichte Dissertation, Universität Wien.

Rasch, B., Friese, M., Hofmann, W. & Naumann, E. (2006). *Quantitative Methoden. Einführung in die Statistik* (2. erweiterte Aufl.). Band I. Heidelberg: Springer Medizin Verlag.

Rasch, D. & Kubinger K. D. (2006). *Statistik für das Psychologiestudium.* München: Elsevier Spektrum akademischer Verlag.

Rohrmann, B. (1978). *Empirische Studien zur Entwicklung von Antwortskalen für die sozialwissenschaftliche Forschung.* Zeitschrift für Sozialpsychologie, 9, 222–245.

Rost, J. (2004). *Lehrbuch Testtheorie-Testkonstruktion* (2., vollständig überarbeitete und erweiterte Aufl.). Bern: Verlag Hans Huber.

Sachs, L. (1999). *Angewandte Statistik.* Berlin: Springer.

Steyer, R. & Eid, M. (2001). *Messen und Testen* (2., korrigierte Aufl.). Berlin: Springer-Verlag.

Zöfel, P. (2003). *Statistik für Psychologen. Im Klartext.* München: Pearson Studium.

Stichwortverzeichnis

Abhängigkeit der Stichproben 19
Absolutskala 24
Abstufung 55
Achsenabschnitt 143
Akquieszenz 61
Allgemeingültigkeit 108
Alltagshypothesen 106
Alpha-Fehler 110
Alpha-Fehlerkumulierung 150
Alternativhypothese 106
American Psychological Association (APA) 161
Analogskala 57
Analyse von Faustregeln 33
Anrede 49
Antwortformat 43, 52
– dichotomes 53
– freies (offenes) 52
– gebundenes 53
– geschlossenes 48, 52
– kontinuierliches 57
– mehrkategorielles 54
– offenes 48, 52
Antwortkategorien 61
Antworttendenzen 58
– negative 59
Äquidistanz 27
Arbeitstitel 34
Arithmetisches Mittel 96, 102, l 12
Ausblick 165
Ausrichtung 74
Auswahl, willkürliche 18
Auswertungsbericht 161

Balkendiagramm 87 f.
Befragen 44
Befragung, schriftliche 43
Beobachten 44
Beta-Fehler 110
Beweis 163
Bibliothek 36
bimodal 99
bipolar 54
Boxplot 90
– einfacher 91
– gruppierter 91

Chi-Quadrat-Test 83, 128
χ^2-Test 83
χ^2-Verteilung 95
Cluster Sample 18

Datenanalyse, deskriptivstatistische 82
Datenansicht 68
Datenaufbereitung 64, 77
Datencheck 76
Dateneditor 68
Dateneingabe 74
Datenerhebung 43
Datenfile 70, 76
Datenmatrix 68
Design
– experimentelles 38
– Ex-post-facto- 38, 40
– quasi-experimentelles 38
Deskription 31, 41
deskriptiv 37
Deskriptivstatistik 11
Diagrammerstellung 87
Diskussion 165
Dispersionsmaße 99
Dokumentation der Literatur 36

Effekte 111
Einleitung 49
Einstellung 43
Erfassung 43
Ergebnisteil 163
Erstellung 70
Erwünschtheit, soziale 41
Etikettierung 55
Evaluation 31, 41
Exakter Test nach Fisher 129
Experiment 38
explanativ 37
Exploration 31, 41
explorativ 37

Fallauswahl 79
Fallstudie, intensive 33
Fehler erster Art 110
Fehler zweiter Art 110

Fehlerwahrscheinlichkeit 114
Forced Choice 53, 55
Formulierung 34
Formulierung der Items 50
Forschungsdesign 37
Forschungsfrage 34, 40
Forschungshypothese 106
Fragebogen 43
Fragebogenkonstruktion 44
Fragen
– geschlossene 48
– offene 48
Fragenauswahl 47
Fragestellung 45
Friedman-Test 125

Geradengleichung 145
Grafik 87
Grundgesamtheit 16, 107
Gruppierungsvariable 115
Gültigkeit 39

Häufigkeit 83, 87
– kumulierte 82
– relative 82
Häufigkeitstabelle 12, 82
Histogramm 89
Hypothese 37, 106
– spezifische 38
– unspezifische 38
– statistische 106
Hypothesenpaar 106

Ich-Form 165
Ideensammlung 32
Induktionsprinzip 16
Inferenzstatistik 13, 15, 107
Instruktion 49, 50
Interferenzstatistik 11
Intervallskala 24, 27
Item 50

Ja-Sage-Bereitschaft 61

Kausalität 142
Klumpenstichprobe 18
Kodeplan 68, 70

Kodierung 64, 68 f., 74
Kolmogorov-Smirnov-Test 117
Kommunikationsart 45
Konstrukt 107
Konstruktion des Fragebogens 45, 46
Kontingenztabellen 83
Kontingenztafel
– mehrdimensionale 85
– zweidimensionale 83
Korrelation 133
– biseriale 135
Korrelationskoeffizient 135
Kreisdiagramm 11
Kreuztabelle 76, 83 f., 127

Lagemaße 76, 94
Längsschnittstudien 40
Likert-Skala 54
Literaturrecherche 35
Literaturverzeichnis 167
Lokalisationsparameter 94

Macht eines Tests 111
Maße der zentralen Tendenz 94
Maßzahlen, deskriptivstatistische 12
Matching 113
Median 98
Meinungen 43
Messniveau 74
Messung 22
– physiologische 44
Messwiederholung 155
Methode der Datenerhebung 44
Methoden der quantitativen Datenerhebung 43
Methodenteil 162
Mind Mapping 46
Mischformen 48 f.
Mittelwert 12, 96
Modalwert (Mo) 99
Modus 99
Multiples Testen 113

nicht standardisiert 45
Nominalskala 24
Normalverteilung 94, 97, 116
Nullhypothese 106

Objektivität 50
Online-Datenbank 36
Operationalisierung 46, 107
Ordinalskala 24 f.
Originalliteratur 167

Partielle Korrelation 139
Perzentilwert 104
Phänomene, paradoxe 33
Population 16, 107
Position 43
Power 111
Pretest 58
Primary-Regency-Effekt 62
Prinzipien der Konstruktion 47
Produkt-Moment-Korrelation 135
Prognose 144
Prozent 83
– gültige 83
p-Wert 109

Q-Sort-Methodik 58
Quartilabstand 102
Querschnittstudien 40

Random Sample 17
Randomisierung 39
Rating, symbolisches 57
Ratingskala 54
Regression
– lineare 133, 143
– multiple lineare 146
Regressionsgerade 144
Relationssystem
– empirisches 24
– numerisches 24
Relativsystem
– empirisches 24
– numerisches 24
Relevanz 137
Replikation von Untersuchungen 33
Repräsentativität 15
Residuum 144
Richtlinien zur Formulierung 43
Rohdaten.sav 76

Sachverhalt 43
Scheinkorrelation 142
Sekundärliteratur 167
Selbstbeobachtung 33
Signierung 52
Signifikanz 109
Signifikanzniveau 109
Skala 22, 54
Skalenbezeichnung
– numerische 56
– verbale 56
Skalenniveau 23, 113
Skalierung 22
Social Desirability 60
Soziale Erwünschtheit 60
Spalten 74
Spaltenformat 72
Spannweite 104
Spearman-Rangkorrelation 135
spezifisch 38
Sprichwörter 33
SPSS 64
Standardabweichung 12, 101
Standardisierung 45
Standardisierungsgrad 45
Statistik, analytische 14
Steigung 143
Stichprobe 16
– abhängige 113
– Ad-hoc- 18
– unabhängige 113
Stichprobenarten 16
Streudiagramm 93, 136
Streumaße 76
Streuungsmaße 99
String 71
String-Variable 72
Syntax-File 70

teilstandardisiert 45
Tendenz zur Mitte 61
Testen 44
Themensuche 32
Themenüberblick 31
Theorieteil 162

Transformieren 77, 81, 117
T-Test für abhängige Stichproben 120
T-Test für unabhängige Stichproben 115

Überprüfung von Theorien und Hypothesen 41
Umkodieren 115
unimodal 99
unipolar 54
unspezifisch 38
Untersuchungsdurchführung 162
Untersuchungsmaterial 162
Untersuchungsobjekt 162
Untersuchungsplan 31
Urteilen 43
U-Test nach Mann & Whitney 122

Validität 39
Validität, externe 39
Validität, interne 39
Variabilität 133
Variable 68, 70
Variablen zuweisen 89
Variablenansicht 68
Variablenlabels definieren 72
Variablennamen 70
Variablenwerte 76
Varianzanalyse 150
Verfahren
–   parameterfreies 115
–   parametrisches 115
Verfälschbarkeit 41, 59
Verfälschung 58
Verhältnisskala 24, 28
Verstellung, absichtliche 59
Vierfelder-Chi-Quadrat-Test 127
Vierfelderkorrelation 138
Vierfeldertafel 83
voll standardisiert 45

Wahrscheinlichkeit 109
Wechselwirkung 158
Werte
–   beobachtete 128
–   erwartete 128
–   fehlende 73
–   vorhergesagte 146
Wertelabel 73, 75 f.
Wertelabels definieren 72
Wilcoxon-Test 124
Zählen 43
Zelle 68
Zentralwert 98
Zitierregel 165
Zufall 18
Zufallsauswahl 39
Zufallsstichprobe 17
–   einfache 17
–   geschichtete 17
Zugänge, quantitative 43